Spanish Glossary

for

Campbell BIOLOGY

NINTH EDITION

Jane B. Reece • Lisa A. Urry • Michael L. Cain
Steven A. Wasserman • Peter V. Minorsky • Robert B. Jackson

Glosario en Español

para

Campbell BIOLOGÍA

NOVENA EDICIÓN

Traducido por
Laura P. Zanello
Universidad de California, Riverside

Benjamin Cummings
Boston Columbus Indianapolis New York San Francisco Upper Saddle River
Amsterdam Cape Town Dubai London Madrid Milan Munich Paris Montréal Toronto
Delhi Mexico City São Paulo Sydney Hong Kong Seoul Singapore Taipei Tokyo

Vice President/Editor-in-Chief: *Beth Wilbur*
Acquisitions Editor: *Josh Frost*
Senior Editorial Manager: *Ginnie Simione Jutson*
Senior Supplements Project Editor: *Susan Berge*
Managing Editor, Production: *Michael Early*
Production Project Manager: *Jane Brundage*
Production Management and Composition: *S4Carlisle Publishing Services*
Cover Production: *Seventeenth Street Studios*
Manufacturing Buyer: *Michael Penne*
Executive Marketing Manager: *Lauren Harp*
Text and Cover Printer: *Strategic Content Imaging*

Cover Photo Credit: *"Succulent I" ©2005 Amy Lamb, www.amylamb.com*

ISBN-10: 0-321-68321-8
ISBN-13: 978-0-321-68321-2

Benjamin Cummings
is an imprint of

PEARSON

www.pearsonhighered.com

2 3 4 5 6 7 8 9 10—SCI—14 13 12 11

GLOSARIO

5′ cap (cubierta 5′) Extremo 5′ de una molécula de pre-ARNm modificada por la adición de un nucleótido de guanina.

A site (sitio A) Uno de los tres sitios de unión del ARNt durante la traducción. Aloja el ARNt, el cual transporta el aminoácido que será agregado a la cadena polipeptídica. "A" significa sitio para el ARNt-aminoácido.

ABC model (modelo ABC) Modelo de formación floral que identifica tres clases de genes de identificación orgánica que dirigen la formación de cuatro tipos de órganos florales.

abiotic (abiótico) Sin vida; referente a las propiedades físicas y químicas de un ambiente.

abortion (aborto) Finalización de un embarazo en progreso.

abscisic acid (ABA) (ácido abscísico, ABA) Inhibidor del crecimiento natural presente en plantas. Tiene efectos contrarios a las hormonas de crecimiento. Dos de sus efectos principales son promover la dormancia de la semilla y facilitar la tolerancia a la sequía.

absorption (absorción) Incorporación de pequeñas moléculas de nutrientes al cuerpo de un organismo. Tercera etapa principal en el procesamiento del alimento, después de la digestión.

absorption spectrum (espectro de absorción) Rango de la capacidad de un pigmento para absorber diversas longitudes de onda de luz.

abyssal zone (zona abisal) La zona béntica más profunda del océano, entre 2.000 y 6.000 metros de profundidad.

acanthodians (acantodianos) Grupo de peces con mandíbulas del período Devónico.

accessory fruit (fruto accesorio) Fruto o conjunto de frutos en los que las partes frescas derivan total o parcialmente de tejidos distintos del ovario.

acclimatization (aclimatización) Ajuste fisiológico en un organismo a cambios ambientales.

acetyl CoA (acetyl coenzime A) (acetil CoA, acetil coenzima A) Compuesto de entrada al ciclo del ácido cítrico en la respiración celular. Está formado por un fragmento de piruvato unido a una coenzima.

acetylcholine (acetilcolina) Uno de los neurotransmisores más comunes. Funciona uniéndose a receptores y alterando la permeabilidad de la membrana postsináptica a ciertos iones específicos, ya sea depolarizando o hiperpolarizando la membrana.

acid (ácido) Sustancia que aumenta la concentración de iones hidrógeno de una solución y se combina con las bases para formar las sales.

acid chyme (quimo ácido) Pasta homogénea y agria, variable según los casos, en que los alimentos se transforman en el estómago por la digestión.

acid precipitation (precipitación ácida) Lluvia, nieve o neblina que es más ácida de lo usual, o sea, con un pH por debajo de 5,2.

acoelomate (acelomado) Animal que carece de celoma (cavidad revestida de epitelio que en el hombre y ciertos grupos de animales se desarrolla entre la pared del cuerpo y las vísceras).

acquired immunity (inmunidad adquirida) Tipo de defensa específica de vertebrados provista por linfocitos B (células B) y T (células T). Exhibe especificidad, memoria y autoreconocimento. También se la llama inmunidad adaptativa.

acrosomal reaction (reacción acrosomal) Descarga de enzimas hidrolíticas desde el acrosoma del espermatozoide cuando éste se aproxima o contacta a la célula huevo.

acrosome (acrosoma) Prolongación anterior de un espermatozoide que libera enzimas u otras proteínas usadas por el espermatozoide para penetrar el óvulo.

actin (actina) Proteína globular que se une formando cadenas, las cuales se tuercen helicoidalmente sobre sí mismas para formar microfilamentos (filamentos de actina) en músculos y otros tipos celulares.

action potential (potencial de acción) Cambio rápido en el potencial de membrana de una célula excitable, causado por la apertura y cierre selectivos, bajo cierto estímulo, de las compuertas sensibles al voltaje de los canales de sodio y potasio.

action spectrum (espectro de acción) Gráfico que representa la eficacia relativa de las diferentes longitudes de onda de radiación para impulsar un proceso en particular.

activation energy (energía de activación) Cantidad de energía que los reactivos deben absorber antes de que comience una reacción química; también llamada energía libre de activación.

activator (activador) Proteína que se une al ADN y estimula la transcripción de un gen específico. En procariotes, los activadores se unen en o cerca del promotor; en eucariotes, los activadores se unen a elementos de control en los amplificadores.

active immunity (inmunidad activa) Inmunidad de larga duración conferida por la acción de las células B y T de una persona y las células de memoria B y T resultantes, específicas para un patógeno. Protección contra una enfermedad como resultado de una exposición previa a un agente patógeno o por haber recibido una vacuna para prevenirla.

active site (sitio activo) Porción específica de una enzima que se une al sustrato por medio de enlaces químicos débiles, y que forma el bolsillo en el que tiene lugar la catálisis.

active transport (transporte activo) Movimiento de una sustancia a través de una membrana biológica en contra de su gradiente de concentración o gradiente electroquímico, con aporte de energía y la ayuda de proteínas de transporte específicas.

actual evapotranspiration (evapotranspiración real) Cantidad de agua transpirada anualmente por las plantas y evaporada del suelo, medida generalmente en milímetros.

adaptation (adaptación) Característica hereditaria de un organismo que aumenta su capacidad de supervivencia y reproducción en un ambiente específico.

adaptive radiation (radiación adaptativa) Aparición de numerosas especies a partir de un ancestro común introducido en un ambiente que presenta una variedad de nuevas oportunidades y problemas.

adenylyl cyclase (adenilil ciclasa) Enzima que regula la transformación de ATP en AMP en respuesta a una señal.

adhesion (adhesión) Atracción entre diferentes tipos de moléculas.

adipose tissue (tejido adiposo) Tejido conectivo que sirve de aislante y de reserva de energía al organismo; está compuesto por células grasas, también llamadas células adiposas.

adrenal gland (glándula adrenal) Cada uno de los dos órganos situados en contacto con el riñón, compuesto de dos partes diferenciadas, la corteza, que segrega corticoides, y la médula, que produce adrenalina. Las células endocrinas en la porción exterior (corteza) responden a la ACTH segregando hormonas esteroideas que ayudan a mantener la homeostasis en momentos de estrés de larga duración. Las células neurosecretoras de la porción central (médula) secretan epinefrina y norepinefrina en respuesta a estímulos nerviosos desencadenados por estrés de corta duración.

adrenocorticotropic hormone (hormona adrenocorticotrópica) Hormona trópica producida y secretada por la pituitaria anterior que estimula la producción y secreción de hormonas esteroidales por la corteza adrenal.

aerobic respiration (respiración aeróbica) Ruta catabólica que consume oxígeno (O_2) y moléculas orgánicas, produciendo ATP. Es la ruta catabólica más eficiente, y es llevada a cabo por la mayoría de las células eucariotas y muchos organismos procariotas.

afferent arteriole (arteriola aferente) Vaso sanguíneo que irriga un nefrón.

age structure (estructura por edades) Cantidad relativa de individuos para cada edad en una población.

aggregate fruit (fruto agregado) Fruto que se desarrolla a partir de una sola flor simple con carpelos múltiples.

agonistic behavior (comportamiento agonista) Tipo de comportamiento que involucra un tipo de competencia que determina qué competidor gana acceso sobre algún recurso, tal como un alimento o una pareja.

AIDS (acquired immunodeficiency syndrome) (síndrome de inmunodeficiencia adquirida, SIDA) Nombre de la última etapa de la infección por VIH; definida por una disminución de las células T y la aparición de infecciones secundarias características.

alcohol fermentation (fermentación alcohólica) Conversión del piruvato en dióxido de carbono y alcohol etílico.

aldosterone (aldosterona) Hormona esteroidea que actúa sobre los túbulos del riñón para regular el transporte de iones sodio (Na^+) y potasio (K^+).

alimentary canal (canal alimentario) Tracto digestivo que consiste en un tubo que corre entre la boca y el ano; también se lo llama canal digestivo completo.

allantois (alantoides) Una de las cuatro membranas extraembrionarias que funciona como repositorio de los desperdicios nitrogenados del embrión.

allele (alelo) Cada una de las versiones alternativas de un gen que produce efectos fenotípicos distinguibles.

allopatric speciation (especiación alopátrica) Modo de especiación inducida cuando una población ancestral es segregada por una barrera geográfica o se divide a sí misma en dos o más especies aisladas geográficamente.

allopolyploid (alopoliploide) Especie poliploide común que resulta de dos especies diferentes que se entrecruzan y combinan sus cromosomas.

allosteric regulation (regulación alostérica) Unión de una molécula con una proteína que afecta la función de la proteína en un sitio diferente.

alpha (a) **helix** (hélice alfa, a) Forma en espiral que representa una de las posibles estructuras secundarias de una proteína y que se forma a partir de una disposición específica de los enlaces de hidrógeno.

alternation of generations (alternancia de generaciones) Ciclo de vida en el cual existe una forma multicelular diploide, el esporofito, y una forma multicelular haploide, el gametofito. Es característico de las plantas.

alternative RNA splicing (*splicing* o empalmne alternativo del ARN) Tipo de regulación a nivel del procesamiento del ARN en el que, a partir de un mismo transcripto primario, se producen diferentes moléculas de ARNm dependiendo de cuáles segmentos de ARN son tratados como exones y cuáles como intrones.

altruism (altruismo) Comportamiento que reduce la adaptación de un individuo a la vez que aumenta la adaptación de otro individuo.

alveolate (alveolado) Protista que posee sacos rodeados de membrana (alveolos) justo por debajo de la membrana plasmática.

alveolus (alveolo) Cada uno de los sacos de aire, multilobulados y ciegos, que constituyen la superficie para el intercambio gaseoso en los pulmones.

Alzheimer's disease (enfermedad de Alzheimer) Demencia (deterioro mental) relacionada con la edad, caracterizada por confusión, pérdida de la memoria y otros síntomas.

amacrine cell (célula amacrina) Neuronas de la retina que ayudan a integrar la información antes de enviarla al cerebro.

amino acid (aminoácido) Molécula orgánica que posee un grupo carboxilo y un grupo amino. Los aminoácidos constituyen los monómeros de las proteínas.

amino group (grupo amino) Grupo funcional que consiste en un átomo de nitrógeno unido a dos átomos de hidrógeno. Puede actuar como una base en solución, aceptando un ión hidrógeno y adquiriendo así una carga 1+.

aminoacyl-tRNA synthetase (aminoacil-ARNt sintetasa) Enzima que une cada aminoácido al correspondiente ARNt.

ammonia (amoníaco) Molécula pequeña, muy tóxica, compuesta por tres átomos de hidrógeno unidos a un átomo de nitrógeno. Es producido en la fijación del nitrógeno y como producto de deshecho en el metabolismo de proteínas y ácidos nucleicos.

ammonite (amonite) Molusco cefalópodo con concha; predador invertebrado dominante durante millones de años hasta su extinción hacia el final del período Cretácico.

amniocentesis (amniocentesis) Técnica de diagnóstico prenatal en la cual se analiza el líquido amniótico, obtenido por aspiración con una aguja que se inserta dentro del útero, y que puede detectar ciertos defectos genéticos o congénitos en el feto.

amnion (amnios) La más interna de las cuatro membranas extraembrionarias que, junto con el corion y el alantoides forma un saco lleno de líquido, el saco embrionario, en el cual se encuentra suspendido el embrión.

amniote (amniota) Miembro de un clado de tetrápodos denominados así por poseer huevo amniótico, el cual contiene membranas especializadas, incluido un amnios lleno de fluido, que protege al embrión. Los amniotes incluyen mamíferos, aves y reptiles.

amniotic egg (huevo amniótico) Huevo con cáscara dentro del cual se desarrolla el embrión en el interior de un saco amniótico lleno de fluido, y que se nutre de la yema del huevo. Es característico de reptiles (incluidas las aves) y mamíferos que ponen huevos. Les permite completar sus ciclos de vida sobre suelo seco.

amoeba (ameba) Tipo de protista caracterizado por la presencia de seudópodos.

amoebocyte (amebocito) Tipo de célula con forma de ameba que se desplaza por medio de seudópodos, presente en la mayoría de los animales. Dependiendo de la especie, digiere y distribuye el alimento, deshecha los desperdicios, forma fibras esqueléticas, combate infecciones o se transforma en otros tipos celulares.

amoebozoan (amebozoario) Protista miembro de un clado que incluye varias especies con seudópodos con forma de lóbulo o tubo.

amphibian (anfibio) Vertebrado tetrápodo miembro de la clase Amphibia y que está representada por las ranas, salamandras y cecilias.

amphipatic molecule (molécula anfipática) Molécula que posee una región hidrofílica y una región hidrofóbica.

amplification (amplificación) Aumento de la energía de estimulación durante la transducción de una señal.

amygdala (amígdala) Estructura localizada en el lóbulo temporal del cerebro de un vertebrado que posee un rol preponderante en el procesamiento de las emociones.

amylase (amilasa) Enzima presente en la saliva que hidroliza el almidón (polímero de la glucosa en plantas) y el glucógeno (polímero de la glucosa en animales) y los convierte en polisacáridos más pequeños y en el disacárido maltosa.

anabolic pathway (ruta anabólica) Ruta metabólica que sintetiza moléculas complejas a partir de compuestos simples.

anaerobic respiration (respiración anaeróbica) Utilización de moléculas inorgánicas diferentes del oxígeno como aceptoras finales de electrones al pie de las cadenas transportadoras.

analogous (análogos) Que poseen características similares debido a convergencia evolutiva, y no homología.

analogy (analogía) Semejanza entre dos especies debida más a una evolución convergente que a la descendencia de un antecesor común que posee la misma característica.

anaphase (anafase) Cuarta etapa de la mitosis en la que las cromátidas de cada cromosoma se han separado y los cromosomas hijos se están moviendo hacia los polos de la célula.

anatomy (anatomía) Estudio de la estructura de un organismo.

anchorage dependence (dependencia de anclaje) Requerimiento de una célula de adherirse al sustrato para poder dividirse.

androgen (andrógeno) Hormona sexual esteroidal, por ejemplo testosterona, que estimula el desarrollo y mantenimiento del sistema reproductor masculino y las características sexuales secundarias.

aneuploidy (aneuploidía) Aberración cromosómica en la cual uno o más cromosomas se presentan en copias extras o en cantidad deficiente.

angiosperm (angiosperma) Planta con flores que forma semillas dentro de una cámara protectora denominada ovario.

angiotensin II (angiotensina II) Hormona que estimula la constricción de las arteriolas precapilares y aumenta la reabsorción de ClNa y agua a través de los túbulos proximales al riñón, aumentando la presión y el volumen sanguíneo.

anhydrobiosis (anhidrobiosis) Capacidad de sobrevivir en un estado de dormancia cuando el hábitat de un organismo se seca.

animal pole (polo animal) Región del huevo en la que se concentra la menor cantidad de yema. Es la opuesto al polo vegetal.

Animalia (Animalia) Reino que consiste en eucariotas multicelulares que ingieren comida.

anion (anión) Ión con carga negativa.

annual (anual) Planta con flores que completa su ciclo de vida en un solo año o estación de crecimiento.

anterior (anterior) Se refiere al extremo cefálico de un animal con simetría bilateral.

anterior pituitary (pituitaria anterior) También denominada adenohipófisis. Porción de la pituitaria que se desarrolla a partir de tejido no nervioso y consiste en células endocrinas que sintetizan y secretan diversas hormonas trópicas y no trópicas.

anther (antera) Saco de polen en el extremo de un estambre dentro del cual se forman los granos de polen con los gametos masculinos en la flor de una angiosperma.

antheridium (plural, **antheridia**) (anteridio) Gametangio masculino en las plantas. Cámara húmeda en la que se desarrollan los gametos.

anthropoid (antropoide) Miembro del grupo de los primates que comprende a los simios (gibones, orangutanes, gorilas, chimpancés y bonobos), monos y humanos.

antibody (anticuerpo) Proteína secretada por células del plasma (células B diferenciadas) que se une a un antígeno específico y lo marca para su eliminación. También se la llama inmunoglobulina. Todas las moléculas de antibióticos poseen la misma forma en Y, y su forma monomérica consiste en dos cadenas pesadas idénticas y dos cadenas livianas unidas por puentes disulfuro.

anticodon (anticodón) Triplete de bases especial en uno de los extremos de una molécula de ARNt que reconoce a un codón complementario particular sobre una molécula de ARNm.

antidiuretic hormone (hormona antidiurética) Hormona producida por el hipotálamo y liberada por la pituitaria posterior. Promueve la retención de agua por los riñones como parte de un elaborado sistema de retroalimentación que ayuda a regular la osmolaridad de la sangre.

antigen (antígeno) Macromolécula que desencadena una respuesta inmune por los linfocitos.

antigen presentation (presentación del antígeno) Proceso por el cual una molécula del CMH (complejo mayor de histocompatibilidad) se une a un fragmento de una proteína antígeno intracelular y la transporta hasta la superficie celular donde se la expone y puede ser reconocida por una célula T.

antigen receptor (receptor de antígeno) Término general usado para una proteína de membrana, localizada en células B y T, que se une a los antígenos, iniciando así respuestas de inmunidad adquirida. Los receptores de antígenos en las células B se denominan receptores de células B (o inmunoglobulinas de membrana) y los receptores de antígenos en las células T se denominan receptores de células T.

antigen-presenting cell (APCs) (células presentadoras de antígeno, CPAs) Células que ingieren bacterias y virus y luego los destruyen generando fragmentos peptídicos que se unen a moléculas de CMH Clase II y subsecuentemente se presentan a las células ayudantes T sobre la superficie celular. Ejemplos de células presentadoras de antígeno incluyen a los macrófagos, células dendríticas y células B.

antiparallel (antiparalelo) Disposiciones opuestas de las cadenas azúcar-fosfato en una doble hélice de ADN.

aphotic zone (zona afótica) Parte del océano por debajo de la zona fótica en la que la luz no penetra lo suficiente como para activar la fotosíntesis.

apical bud (yema apical) Yema en el extremo de un tallo; también llamada yema terminal.

apical dominance (dominancia apical) Concentración del crecimiento en la punta de un tallo de una planta, en la que la yema terminal inhibe parcialmente el crecimiento de la yema axilar.

apical ectodermal ridge (borde ectodérmico apical) Región organizadora de una extremidad que consiste en un área engrosada de ectodermo en el extremo de una yema formadora de una extremidad.

apical meristem (meristema apical) Tejido vegetal embrionario en el extremo de las raíces y en las yemas de los tallos que provee de células para que la planta crezca en longitud.

apicomplexan (apicomplexos) Protozoarios parasíticos. Algunos apicomplexos causan enfermedades a los humanos.

apomixis (apomixis) Producción asexual de semillas.

apoplast (apoplasto) En las plantas, continuidad de paredes celulares y espacios intercelulares.

apoptosis (apoptosis) Cambios que ocurren dentro de una célula a medida que pasa por el proceso de muerte celular programada y que son iniciados por señales que desencadenan la activación de una cascada de proteínas "suicidas" en las células destinadas a morir.

aposematic coloration (coloración aposemática) Coloración brillante de los animales con defensas químicas y físicas efectivas para prevenir a los predadores.

appendix (apéndice) Extensión pequeña, con forma de dedo, en el colon de los vertebrados. Contiene una masa de glóbulos blancos sanguíneos que contribuyen a la inmunidad.

aquaporin (acuaporina) Proteína de transporte en la membrana plasmática de una célula vegetal o animal que específicamente facilita la difusión de agua a través de esa membrana (ósmosis).

aqueous humor (humor acuoso) Líquido con consistencia de plasma presente en el espacio entre el cristalino y la córnea en el ojo de vertebrados; ayuda a mantener la forma del ojo, suplir con nutrientes y oxígeno a los tejidos, y eliminar las impurezas.

aqueous solution (solución acuosa) Solución en la que el solvente es el agua.

arachnid (arácnido) Miembro de un grupo mayoritario de artrópodos, los quelicerados. Los arácnidos incluyen arañas, escorpiones, garrapatas y ácaros.

arbuscular mycorrhizae (micorriza arbuscular) Tipo especial de endomicorriza formada por hongos. Simbiosis que se establece entre algunos hongos del suelo y plantas superiores en la cual los extremos de las hifas del hongo que invaden las raíces de la planta se ramifican en pequeñas estructuras con forma de árbol denominadas arbúsculos.

Archaea (Archaea) Uno de los dos dominios procariotas; el otro es Bacteria.

archaean (archeo) Miembro del dominio Archaea de procariotas.

Archaeaplastida (Arqueoplástidos) Uno de los cinco supergrupos de eucariotas propuesto por la hipótesis actual de historia evolutiva de eucariotas. Este grupo monofilético, que incluye a las algas rojas, algas verdes y plantas terrestres, desciende de un protista ancestral antiguo que engolfó a un cianobacterio. *Ver también* Excavata, Chromalveolata, Rhizaria y Unikonta.

archegonium (plural, **archegonia**) (arquegonio) En plantas, gametangio femenino, cámara húmeda en la que se desarrollan las gametas.

archenteron (arquenterón) Cavidad rodeada por endodermo que se forma durante el proceso de gastrulación y que se desarrolla como tracto digestivo en un animal.

archosaur (arcosaurio) Tipo de reptil de la era Mesozoica. Sus principales descendientes incluyen a los cocodrilos, caimanes, dinosaurios y aves.

arteriole (arteriola) Vaso que transporta la sangre entre una arteria y el lecho capilar.

artery (arteria) Vaso que transporta la sangre desde el corazón a las demás partes del cuerpo.

arthropod (artrópodo) Ecdisozoario segmentado con exoesqueleto de quitina y apéndices articulados. Ejemplos familiares incluyen los insectos, arañas, milpiés y cangrejos.

artificial selection (selección artificial) Cruza selectiva de plantas y animales domesticados para estimular la aparición de caracteres deseados.

ascocarp (ascocarpo) Cuerpo de fructificación de las setas.

ascomycete (ascomicete) Miembro del filum de hongos Ascomycota, comúnmente llamados setas. Su nombre proviene de la presencia de estructuras con forma de sacos en los que se desarrollan las esporas.

ascus (asca) Estructura reproductora de los ascomicetos con forma de cápsula localizada en el extremo de una hifa dicariótica.

asexual reproduction (reproducción asexual) Tipo de reproducción en la que no existe un apareamiento y fusión de los núcleos de dos células masculina y femenina, sino que los individuos pueden multiplicarse por otros mecanismos en los cuales la parte regenerada constituye otro individuo completo y semejante.

assisted reproductive technology (ART) (tecnología de reproducción asistida) Procedimiento de fertilización en el que generalmente se remueven huevos (oocitos secundarios) de los ovarios de una mujer, luego de haber sido estimulados con hormonas, para fertilizarlos y reimplantarlos en el cuerpo de la mujer.

associative learning (aprendizaje asociativo) Habilidad adquirida para asociar un estímulo con otro. También se lo denomina condicionamiento clásico.

aster (aster) Disposición radial de microtúbulos cortos que se extiende desde cada centrosoma hasta la membrana plasmática en una célula durante la mitosis.

astrocyte (astrocito) Célula de la glia con diversas funciones, incluyendo soporte estructural de neuronas, regulación del ambiente intersticial, facilitación de la transmisión sináptica, y ayuda con la regulación del aporte de sangre al cerebro.

atherosclerosis (aterosclerosis) Enfermedad cardiovascular en la cual se desarrollan crecimientos en las paredes internas de las arterias denominadas placas, reduciendo sus diámetros internos.

atom (átomo) La menor unidad de materia que retiene las propiedades de un elemento.

atomic mass (masa atómica) Masa total de un átomo, igual a la masa en gramos de un mol del átomo.

atomic nucleus (núcleo atómico) Porción central de un átomo que contiene a los protones y neutrones.

atomic number (número atómico) Número de protones en el núcleo de un átomo, único para cada elemento e identificado por medio de un índice a la izquierda del símbolo químico del elemento.

ATP (adenosine triphosphate) (ATP, adenosíntrifosfato) Nucleótido constituido por tres moléculas de ácido fosfórico, adenina y ribosa y que libera energía cuando sus enlaces fosfato son hidrolizados. Esta energía es utilizada para impulsar reacciones endergónicas en las células.

ATP synthase (ATP sintetasa) Complejo de proteínas de membrana que constituye un portal para la difusión de protones. Este complejo funciona en la quimiósmosis junto con las cadenas transportadoras de electrones adyacentes. Utiliza la energía de un gradiente de concentración de iones de hidrógeno (protones) para producir ATP. Las ATP sintetasas constituyen una puerta a través de la cual los iones de hidrógeno se difunden hacia la matriz de una mitocondria.

atrial natriuretic factor (factor atrial natriurético, ANP) Hormona peptídica producida por células del atrio del corazón en respuesta a elevada presión sanguínea. Los efectos del ANP en el riñón alteran el movimiento del agua y de iones y por consiguiente reducen la presión sanguínea.

atrioventricular (AV) node (nódulo atrioventricular, AV) Región de tejido muscular cardíaco especializado ubicada entre el atrio derecho y el ventrículo derecho donde los impulsos eléctricos se demoran 0,1 segundos antes de propagarse hasta los ventrículos para contraerlos.

atrioventricular valve (válvula atrioventricular) Válvula del corazón entre cada atrio y ventrículo que previene el reflujo de sangre cuando los ventrículos se contraen.

atrium (atrio) Cámara que recibe la sangre que retorna al corazón en los vertebrados.

autocrine (autocrino) Propiedad de una molécula de secreción de reaccionar con la misma célula que la ha secretado.

autoimmune disease (enfermedad autoinmune) Desorden inmunológico en el cual el sistema inmune se activa erróneamente contra un componente normal del organismo.

autonomic nervous system (sistema nervioso autónomo) Sistema nervioso que regula las funciones corporales que son en gran parte independientes de la conciencia como la respiración y la digestión. Está compuesto por el simpático y parasimpático.

autopolyploid (autopoliploide) Individuo que posee más de un conjunto de cromosomas, todos ellos derivados de una especie simple.

autosome (autosoma) Cromosoma que no está involucrado directamente en la determinación del sexo, en contraposición a un cromosoma sexual.

autotroph (autótrofo) Organismo que obtiene moléculas orgánicas nutritivas sin necesidad de alimentarse de otros organismos o de sustancias derivadas de otros organismos. Los autótrofos utilizan la energía del sol o de la oxidación de sustancias inorgánicas para fabricar moléculas orgánicas a partir de las inorgánicas.

auxin (auxina) Término que designa primariamente al ácido indolacético (AIA), hormona vegetal natural que tiene una gran variedad de efectos, tales como la elongación celular, la formación de raíces, el crecimiento secundario y el desarrollo del fruto.

average heterozygosity (heterocigosidad media) Frecuencia media de individuos heterocigotos por locus.

avirulent (no virulento) Término que describe a un patógeno que sólo es moderadamente perjudicial para la planta y no la mata.

axillary bud (yema axilar) Yema que se localiza en el punto de inserción de una hoja y el tallo.

axon (axón) El axón es una prolongación cilíndrica cuya principal función es la conducción del impulso nervioso lejos del cuerpo celular de la neurona.

axon hillock (cono axonal) Región cónica del axón de una neurona donde se une al cuerpo celular. Típicamente es la región donde se generan las señales nerviosas.

B cell receptor (receptor de célula B) Receptor antigénico de las células B con forma de Y. Está integrada a la membrana celular y consiste en dos cadenas pesadas idénticas y dos cadenas livianas idénticas unidas por puentes disulfuro que contienen dos sitios de unión del antígeno. También se lo llama inmunoglobulina de membrana o anticuerpo de membrana.

B cells (células B) Tipo de linfocitos que se desarrollan hasta la madurez en la médula ósea y luego se transforman en células efectoras de la inmunidad humoral.

Bacteria (Bacteria) Uno de los dos dominios procariotas; el otro es Archaea.

bacterial artificial chromosome (BAC) (cromosoma bacteriano artificial, BAC) Es un vector de clonación generado en el laboratorio que permite insertar segmentos largos de ADN, de 100.000 a 200.000 bases, provenientes de otras especies en el genoma de bacterias.

bacteriophage (bacteriófago) Virus que infecta bacterias. También se lo conoce como fago.

bacterium (bacteria) Miembro del dominio procariota Bacteria.

bacteroid (bacteroide) Forma de *Rhizobium* presente dentro de las vesículas que forman las células de las raíces en un nódulo radical.

balancing selection (selección balanceada) Selección natural que mantiene frecuencias estables de dos o más formas fenotípicas en una población (polimorfismo balanceado).

bark (corteza) Tejidos externos al cambium vascular en una planta que crece en grosor y que consiste principalmente en floema secundario y capas de peridermo.

Barr body (cuerpo de Barr) Objeto denso a lo largo del interior de la envoltura nuclear en células femeninas y que representa un cromosoma X inactivado.

barrier methods (métodos de barrera) Contracepción que se basa en una barrera física para bloquear el pasaje del esperma. Los ejemplos incluyen condones y diafragmas.

basal angiosperm (angiosperma basal) Miembro de uno de los tres clados de linajes que divergeron temprano entre las plantas con flores. Entre los ejemplos se incluye *Amborella,* lirios acuáticos, anís estrella y otras especies relacionadas.

basal body (cuerpo basal) Organela celular eucariótica que consiste en un arreglo de 9 + 0 tripletes de microtúbulos. Parece intervenir en la organización del ensamblaje de los microtúbulos de un cilio o flagelo. Estructuralmente, es idéntico a un centriolo.

basal metabolic rate (BMR) (velocidad metabólica basal, RMB) Velocidad metabólica en un organismo endotermo en ayunas y relajado, medido a una temperature confortable.

base (base) Sustancia que reduce la concentración de iones hidrógeno de una solución.

base-pair substitution (sustitución bases) Mutación puntual. Sustitución de un nucleótido y de su compañero en la hebra de ADN complementario por otro par de nucleótidos.

basidiocarp (basidiocarpo) Cuerpo fructífero de un micelio dicariótico en un hongo de sombrero.

basiodiomycete (basidiomicete) Miembro del filo de hongos Basidiomycota, comúnmente llamados hongos de sombrero. Su nombre proviene de la forma que adopta el basidio.

basidium (plural, basidia) (basidio) Apéndice reproductivo que produce esporas sexuales en las agallas de un hongo. La división Basidiomycota se denomina así debido a esta estructura.

Batesian mimicry (mimetismo batesiano) Tipo de mimetismo en el cual una especie inofensiva se asemeja a una especie venenosa o a alguna otra peligrosa para los predadores.

behavior (comportamiento) Todo lo que realiza un animal, y cómo lo hace, incluidas actividades musculares tales como perseguir una presa, ciertos procesos no musculares como la secreción de una hormona para atraer a la pareja, y el aprendizaje.

behavioral ecology (ecología del comportamiento) Estudio científico del comportamiento animal, incluido su control, desarrollo, evolución y cómo contribuye a la supervivencia y al éxito reproductivo.

benign tumor (tumor benigno) Masa de células anormales que permanece en el lugar de origen.

benthic zone (zona béntica) Superficies del fondo de los ambientes acuáticos.

benthos (bentos) Comunidades de organismos que viven en la zona béntica de un bioma acuático.

beta (b) pleated sheet (hoja plegada beta, b) Una de las formas de estructura secundaria de las proteínas en la que la cadena polipeptídica se pliega hacia adelante y atrás, o donde dos regiones de la cadena se alinean paralelamente una a la otra y se mantienen unidas por medio de puentes de hidrógeno.

beta oxidation (oxidación beta) Secuencia metabólica que rompe los ácidos grasos en fragmentos de dos carbonos, los cuales ingresan al ciclo del ácido cítrico como acetil CoA.

bicoid (bicoide) Gen materno que codifica una proteína responsable de la especificación del extremo anterior en *Drosophila.*

biennial (bienal) Vegetal que requiere de dos años para completar su ciclo de vida.

big-bang reproduction (reproducción en *big-bang*) Ciclo de vida en el cual los adultos tienen una única oportunidad reproductiva para producir gran cantidad de descendientes, como es el caso del salmón del Pacífico. También se la conoce como uniparismo.

bilateral symmetry (simetría bilateral) Organización de la forma del cuerpo según un plano central longitudinal que divide a ese cuerpo en dos mitades iguales pero opuestas.

bilaterian (bilaterio) Miembro de la Clase Bilateria, animales con simetría bilateral.

bile (bilis) Líquido secretado por el hígado, almacenado en la vesícula biliar y que actúa como un detergente para ayudar en la digestión y absorción de las grasas.

binary fission (fisión binaria) Tipo de división celular por medio de la cual se reproducen los procariotas. Cada una de las células hijas recibe una composición genética idéntica a la original.

binomial (binomial) Nombre latino para las especies que consisten en dos partes: un epíteto genérico y uno específico.

biodiversity hot spot (zona candente de biodiversidad) Área relativamente pequeña con una concentración excepcional de especies endémicas y un número elevado de especies en peligro de extinción.

bioenergetics (bioenergética) (1) Flujo total de energía y su transformación en un organismo. (2) Estudio del flujo de energía a través de los organismos vivos.

biofilm (biofilme) Colonia de una o más especies de procariotas que cubre una superficie y que establece una cooperación metabólica.

biofuel (biofuel) Combustible producido a partir de materia orgánica seca o aceites vegetales combustibles.

biogenic amine (amina biogénica) Neurotransmisor derivado de un aminoácido.

biogeochemical cycle (ciclo biogeoquímico) Circuito químico que involucra tanto los componentes bióticos como abióticos de los ecosistemas.

biogeography (biogeografía) Estudio de la distribución pasada y presente de las especies.

bioinformatics (bioinformática) Utilización del poder de las computadoras, programas y modelos matemáticos para procesar e integrar información biológica a partir de un gran conjunto de datos.

biological augmentation (incremento biológico) Enfoque usado en ecología de recuperación que se vale de organismos para introducir materiales esenciales en un ecosistema deteriorado.

biological clock (reloj biológico) Cronómetro interno que controla los ritmos biológicos de un organismo. Marca el tiempo con o sin dependencia de premisas ambientales aunque a menudo requiere de señales del ambiente para mantenerse sintonizado con un período determinado. Ver también ritmo circadiano.

biological magnification (concentración biológica) Proceso trófico por el cual las sustancias se hacen más concentradas con cada eslabón en una cadena alimentaria.

biological species concept (concepto de especie biológica) Definición de una especie como población o grupo de poblaciones cuyos miembros tienen el potencial de entrecruzarse en la naturaleza y de producir una descendencia fértil y viable, pero no pueden producir descendencia viable y fértil con miembros de otras poblaciones.

biology (biología) Estudio científico de la vida.

biomanipulation (biomanipulación) Técnica utilizada en la recuperación de lagos eutróficos que reduce las poblaciones de algas mediante la manipulación de consumidores de niveles superiores en la comunidad en lugar de cambiar los niveles de nutrientes o de agregar tratamientos químicos.

biomass (biomasa) Abreviatura de masa biológica. Cantidad de materia orgánica correspondiente a un grupo de organismos en un hábitat particular.

biome (bioma) Uno de los ecosistemas mayores del mundo clasificados de acuerdo a la vegetación predominante y caracterizado por las adaptaciones de los organismos a ese ambiente en particular.

bioremediation (biorremediación) Uso de organismos vivos para desintoxicar y restaurar ecosistemas contaminados y degradados.

biosphere (biosfera) Porción total de la Tierra ocupada por vida. Suma de todos los ecosistemas del planeta.

biotechnology (biotecnología) Manipulación de organismos vivos o de sus componentes para la fabricación de productos útiles.

biotic (biota) Relativo a todos los organismos vivos de un ecosistema.

bipolar cell (célula bipolar) Neurona que hace sinapsis con el axón de un bastón o de un cono en la retina del ojo.

bipolar disorder (desorden bipolar) Enfermedad mental depresiva caracterizada por cambios en el nivel del humor entre alto y bajo. También se lo llama desorden maníaco-depresivo.

birth control pill (píldora de control de la natalidad) Contraceptivo químico que inhibe la ovulación, retarda el desarrollo folicular o altera la mucosa cervical de la mujer para prevenir que el esperma entre en el útero.

blade (lámina) (1) Estructura con apariencia de hoja en un alga marina y que constituye la mayor parte de la superficie donde se realiza la fotosíntesis. (2) Porción aplanada de una hoja típica.

blastocoel (blastocele) Cavidad llena de fluido que se forma en el centro de la blástula embrionaria.

blastocyst (blastocisto) Estadío embrionario en los mamíferos. Bola hueca de células que se produce una semana después de la fertilización en los humanos.

blastomere (blastómero) Célula producida en el proceso de división celular de un zigoto.

blastopore (blastoporo) Abertura del arquenterón en la gástrula que se transforma en boca en los protostomados y en ano en los deuterostomados.

blastula (blástula) Bola hueca de células que representa el final de la etapa de clivaje durante el desarrollo embrionario temprano.

blood (sangre) Es un tipo de tejido líquido en el cual están suspendidas las células sanguíneas.

blood-brain barrier (barrera céfalo-sanguínea) Distribución especial de los capilares en el cerebro que restringe el pasaje de la mayoría de las sustancias al cerebro, previniendo así fluctuaciones dramáticas en el ambiente del mismo.

blue-light photoreceptor (fotorreceptor de luz azul) Clase de receptor de luz solar en las plantas. La luz azul inicia una serie de respuestas que incluyen fototropismo y disminución de la elongación del hipocótilo.

body cavity (cavidad del cuerpo) Espacio lleno de fluido entre el tracto digestivo y la pared del cuerpo.

body plan (plan corporal) En animales, conjunto de características morfológicas y de desarrollo que definen un grado (nivel de complejidad de organización).

Bohr shift (deriva de Bohr) Disminución en la afinidad de la hemoglobina por el oxígeno, causada por una caída en el pH. Facilita la liberación del oxígeno de la hemoglobina en la proximidad de tejidos activos.

bolus (bolo) Bola lubricada de comida masticada.

bone (hueso) Tipo de tejido conectivo que consiste en células vivas unidas por una matriz rígida de fibras de colágeno embebidas en sales de calcio.

book lung (pulmón en libro) Órgano para el intercambio gaseoso en arañas consistente en discos apilados dentro de una cámara interna.

bottleneck effect (efecto de cuello de botella) Deriva genética que resulta de la reducción del tamaño de una población, típicamente debido a algún desastre natural de manera tal que la población sobreviviente no es ya representativa, genéticamente hablando, de la población original.

bottom-up model (modelo invertido) Modelo propuesto para la organización de una comunidad según el cual los nutrientes minerales determinan dicha organización al controlar la cantidad de vegetales, los cuales, a su vez, controlan el número de herbívoros y estos a su vez controlan el número de predadores.

Bowman's capsule (cápsula de Bowman) Receptáculo con forma de copa en el riñón de los vertebrados que representa el segmento inicial, expandido, del nefrón donde el filtrado entra desde la sangre.

brachiopod (braquiópodo) Animal marino lofoforado con una concha dividida en dos mitades, dorsal y ventral. A los braquiópodos también se los conoce como conchas lámpara.

brain (cerebro) Órgano del sistema nervioso central donde se procesa e integra la información.

brainstem (tallo cerebral o tronco encefálico) Conjunto de estructuras en el cerebro adulto que incluyen el cerebro medio, el pons (puente) y la médula oblonga. Funciona en la homeostasis, la coordinación del movimiento y la conducción de la información hacia los centros superiores del cerebro.

branch point (punto de ramificación) En un árbol filogenético, punto de divergencia de dos o más taxa a partir de un ancestro común. La mayoría de los puntos de ramificación aparecen como dicotomías en las cuales una rama representante de un linaje ancestral se divide en dos (en el punto de ramificación), y cada rama da origen a dos taxa de descendientes.

brassinosteroid (brasinosteroide) Hormona esteroidea en plantas que posee una variedad de efectos, incluyendo elongación celular, retardo de la abscisión de hojas y promoción de la diferenciación del xilema.

breathing (respiración) Proceso que involucra la inhalación y exhalación alternadas del aire por los pulmones.

breathing control center (centro de control de la respiración) Centro cerebral que dirige la actividad de los órganos involucrados en la respiración.

bronchiole (bronquiolo) Rama delgada en un bronquio que transporta aire hasta los alvéolos.

bronchus (bronquio) Cada uno del par de tubos respiratorios que se ramifican desde la tráquea hacia los pulmones.

brown alga (alga parda) Protista multicelular, autotrófico (fotosintético) de color café u oliva característico que proviene de los carotenoides presentes en sus plástidos. La mayoría de las algas pardas son marinas, y poseen un talo con aspecto de planta.

brown fat (grasa parda) Tejido especial en algunos mamíferos, localizado en el cuello y entre los hombros, especializado en la producción rápida de calor.

bryophyte (briófito) Nombre informal que designa a los musgos, hepáticas y antoceros; planta avascular que habita en el suelo pero carece de muchas de las adaptaciones terrestres de las plantas vasculares.

budding (gemación) Forma asexual de propagación en la que se forman gemaciones a partir de un organismo que protruyen para vivir independientemente o permanecen adheridos para formar eventualmente extensas colonias.

buffer (buffer) Sustancia que se presenta en sus formas ácida y básica en una solución y que minimiza los cambios en pH que provocan ácidos y bases extraños agregados a la solución.

bulk-feeder (comedor de cantidad) Animal que se alimenta de trozos relativamente grandes de comida.

bulk flow (flujo en masa) Movimiento del agua debido a diferencias de presión entre dos puntos.

bundle-sheath cell (célula de la vaina del haz) En plantas C_4, tipo de célula fotosintética organizada en capas muy comprimidas alrededor de los vasos de una hoja.

C3 plant (planta C3) Planta que se vale del ciclo de Calvin en los pasos iniciales de la incorporación de CO_2 como material orgánico, formando un compuesto de tres carbonos como primer intermediario estable.

C4 plant (planta C4) Planta que posee ciertas reacciones anteriores al ciclo de Calvin para incorporar CO_2 como compuestos de cuatro carbonos, el producto final de las cuales aporta el CO_2 al ciclo de Calvin.

cadherins (caderinas) Miembro de una clase muy importante de moléculas involucradas en adhesión celular que requiere iones de calcio extracelulares para su función.

calcitonin (calcitonina) Hormona segregada por la glándula tiroidea que disminuye los niveles de calcio en la sangre al promover la deposición de calcio en hueso y la excreción de calcio por los riñones; no constituye algo esencial en los humanos adultos.

callus (callo) Masa de células indiferenciadas, en división, en el extremo abierto de un tallo cortado.

calorie (cal) (caloría, cal) Cantidad de energía calórica necesaria para elevar la temperatura de 1 g de agua en 1°C. También, cantidad de energía calórica que 1g de agua libera cuando se enfría en 1°C. La Caloría (con una C mayúscula), generalmente empleada para indicar la energía contenida en los alimentos, equivale a una kilocaloría.

Calvin cycle (ciclo de Calvin) La segunda de las dos etapas principales de la fotosíntesis (a continuación de las reacciones luminosas) que involucra la fijación del CO_2 atmosférico y la reducción del carbono fijado en los carbohidratos.

calyptra (caliptra) Cubierta protectora de tejido que cubre total o parcialmente la cápsula inmadura en muchos musgos.

CAM plant (planta CAM) Planta que utiliza el metabolismo ácido de las crasuláceas, una adaptación de la fotosíntesis a condiciones áridas y que se descubrió por primera vez en la familia Crassulaceae. El dióxido de carbono que penetra a través de los estomas abiertos durante la noche es convertido en ácidos orgánicos, los cuales liberan CO_2 para ser utilizado en el ciclo de Calvin durante el día, cuando los estomas están cerrados.

Cambrian explosion (explosión Cámbrica) Estallido evolutivo durante el cual aparecieron la mayoría de los planes corporales de animales en un período de tiempo relativamente breve de la historia geológica. En el registro fósil, data de alrededor de 542 a 525 millones de años.

canopy (bóveda) Capa de vegetación de mayor altura en un bioma terrestre.

capillary (capilar) Vaso sanguíneo microscópico que penetra en los tejidos y consiste en una monocapa de células endoteliales que permite el intercambio de sustancias entre la sangre y el fluido intersticial.

capillary bed (lecho capilar) Red de capilares que se infiltra en cada órgano y tejido del cuerpo.

capsid (cápside) Cubierta proteica que incluye un genoma viral. Puede tener forma de bastón, de poliedro o ser más compleja.

capsule (cápsula) (1) Capa pegajosa que recubre las paredes celulares de algunas bacterias protegiendo la superficie celular y a veces participando en la adherencia de la célula a las superficies. (2) Esporangio de una briófita (musgo, antocerota o hepática).

carbohydrate (carbohidrato) Azúcar (monosacárido) o bien alguno de sus dímeros (disacárido) o polímeros (polisacáridos).

carbon fixation (fijación del carbono) Incorporación del carbono del CO_2 en compuestos orgánicos por un organismo autótrofo (un vegetal, otro organismo fotosintético o un procariota quimioautótrofo).

carbonyl group (grupo carbonilo) Grupo funcional presente en aldehídos y cetonas que consiste en un átomo de carbono unido doblemente a un átomo de oxígeno.

carboxyl group (grupo carboxilo) Grupo funcional presente en los ácidos orgánicos y que consiste en un átomo de carbono unido doblemente a un átomo de oxígeno y unido también a un grupo hidroxilo.

cardiac cycle (ciclo cardíaco) Contracciones y relajaciones alternantes del corazón.

cardiac muscle (músculo cardíaco) Tipo de músculo constituyente de las paredes contráctiles del corazón; sus células están unidas por discos intercalados que las conectan en cada latido cardíaco.

cardiac output (salida cardíaca) Volumen de sangre bombeada por minuto por el ventrículo izquierdo del corazón.

cardiovascular system (sistema cardiovascular) Sistema circulatorio cerrado compuesto por un corazón y una red ramificada de arterias, capilares y venas. Este sistema es característico de los vertebrados.

carnivore (carnívoro) Animal que se alimenta de otros animales, por ejemplo tiburón, halcón o araña.

carotenoid (carotenoide) Pigmento accesorio, amarillo o anaranjado, en los cloroplastos de las plantas. Al absorber longitudes de onda que la clorofila no puede absorber, los carotenoides amplifican el espectro de colores que desencadenan la fotosíntesis.

carpel (carpelo) Órgano reproductor femenino de una flor que consiste en estigma, estilo y ovario.

carrier (transportador) En genética, individuo heterocigoto para un locus específico que lleva un alelo normal y un alelo recesivo potencialmente perjudicial. El heterocigoto es fenotípicamente normal para el carácter determinado por el gen, pero puede pasar el alelo perjudicial a su descendencia.

carrying capacity (capacidad de carga) Tamaño máximo que puede alcanzar una población con los recursos disponibles en el ambiente y que se representa con una *K*.

cartilage (cartílago) Tipo de tejido conectivo flexible con abundancia de fibras colágenas embebidas en condroitina.

Casparian strip (banda Caspariana) Anillo de cera impermeable al agua en las células endodérmicas de las plantas que bloquea el flujo pasivo de agua y solutos hacia la estela a lo largo de las paredes celulares.

catabolic pathway (ruta catabólica) Ruta metabólica que libera energía por medio de la ruptura de moléculas complejas en moléculas simples.

catalyst (catalizador) Agente químico que modifica la velocidad de una reacción sin ser consumido por esa reacción.

catastrophism (catastrofismo) Hipótesis elaborada por Georges Cuvier, que dice que cada límite entre estratos se correspondió en el tiempo con una catástrofe, tal como una inundación o una gran sequía, que destruyó a muchas de las especies que vivían allí durante esa época.

catecholamine (catecolamina) Clase de compuestos, entre los que se incluyen la epinefrina y la norepinefrina, sintetizados a partir del aminoácido tirosina.

cation (catión) Ión con carga positiva, producido a partir de la pérdida de uno o más electrones.

cation exchange (intercambio catiónico) Proceso por el cual minerales cargados positivamente se hacen disponibles para una planta cuando los iones de hidrógeno en el suelo desplazan iones minerales de las partículas de arcilla.

CD4 (CD4) Proteína de superficie presente en la mayoría de las células *helper* T y que se une a una parte de la proteína CMH Clase II en células que presentan el eantígeno, aumentando así la interacción entre la célula T y la célula que presenta el antígeno.

CD8 (CD8) Proteína de superficie, presente en la mayoría de las células citotóxicas que se une a moléculas de MHC Clase I en células blanco, aumentando así la interacción entre la célula T y la célula blanco.

cDNA library (biblioteca de ADNc) Biblioteca genética limitada que utiliza ADN complementario. La biblioteca incluye aquellos genes que se transcribieron en las células de las que se extrajo en mARN y del que se produjo el cADN.

cecum (cecum, en plural, ceca) Bolsillo externo ciego en un órgano hueco tal como el intestino.

cell (célula) Unidad fundamental de estructura y función de la vida.

cell adhesion molecule (CAM) (molécula de adhesión celular, MAC) Glicoproteína de transmembrana, presente en la superficie celular que se une a CAMs de otras células. La estructura que resulta de la unión célula-célula contribuye a hacer un tejido más estable.

cell body (cuerpo celular) Parte de una neurona que aloja al núcleo y organelas.

cell cycle (ciclo celular) Secuencia ordenada de eventos en la vida de una célula eucariótica, desde su origen en la división de una célula madre hasta su propia división en dos. El ciclo celular eucariota consta de interfase (compuesta por las subfases G1, S y G2), y fase M (que incluye mitosis y citocinesis).

cell cycle control system (sistema de control del ciclo celular) Conjunto de moléculas que operan cíclicamente en una célula que disparan y coordinan los eventos clave del ciclo celular.

cell differentiation (diferenciación celular) Divergencia estructural y funcional de las células a medida que se tornan especializadas durante el desarrollo de un organismo multicelular. Depende del control de la expresión genética.

cell division (división celular) Reproducción de las células.

cell fractionation (fraccionamiento celular) Ruptura de una célula y separación de sus organelas por centrifugación.

cell plate (placa celular) Doble membrana a lo largo de la línea de división de una célula vegetal, en la que se deposita la nueva pared celular durante la citoquinesis.

cell wall (pared celular) Capa protectora externa a la membrana plasmática en células vegetales, hongos y algunos protistas. En las células vegetales, la pared está formada por fibras de celulosa embebidas en una matriz de polisacáridos y proteínas. La pared celular primaria es delgada y flexible, mientras que la pared celular secundaria es más fuerte y más rígida y es el constituyente principal de la madera.

cell-mediated immune response (respuesta inmune mediada por células) Rama de la inmunidad adquirida que involucra la activación de células citotóxicas T, las cuales defienden al organismo contra células infectadas.

cellular respiration (respiración celular) Rutas catabólicas en la respiración aeróbica y anaeróbica, en las que los compuestos orgánicos son degradados para la producción de ATP.

cellular slime mold (moho celular) Tipo de protista que en su ciclo de vida tiene células ameboideas unicelulares y agregados de cuerpos reproductivos.

cellulose (celulosa) Polisacárido estructural de las paredes celulares consistente en monómeros de glucosa unidos por enlaces glicosídicos beta.

Celsius scale (escala Celsius) Escala de temperatura (°C) igual a $\frac{5}{9}$ (°F − 32) que mide el punto de congelamiento del agua a 0°C y el punto de ebullición del agua a 100°C.

central canal (canal central) Cavidad estrecha en el centro de la espina dorsal que se continúa con los ventrículos cerebrales y su fluido.

central nervous system (CNS) (sistema nervioso central, SNC) En los animales vertebrados, el cerebro y la espina dorsal.

central vacuole (vacuola central) Saco membranoso en la célula vegetal madura que desempeña diversos roles en la reproducción, crecimiento y desarrollo de la célula.

centriole (centríolo) Estructura presente en una célula animal compuesta por cilindros de tripletes de microtúbulos dispuestos según un patrón 9 + 0. La célula animal generalmente tiene un par de centríolos involucrados en la división celular.

centromere (centrómero) Región centralizada del cromosoma que une dos cromátidas hermanas.

centrosome (centrosoma) Material presente en el citoplasma de todas las células eucariotas, importante durante la división celular. Funciona como centro organizador de los microtúbulos. Cada centrosoma consiste en dos centríolos.

cephalization (cefalización) Tendencia evolutiva hacia la concentración de órganos sensoriales en el extremo anterior del cuerpo.

cerebellum (cerebelo) Base nerviosa voluminosa ubicada en la parte posterior e inferior de la base del cráneo de los vertebrados. Funciona en la coordinación inconsciente del movimiento y el balance.

cerebral cortex (corteza cerebral) Superficie del cerebro. Es la parte más amplia y más compleja del cerebro de los mamíferos y contiene los cuerpos neuronales sensoriales y motores del cerebro. Parte del cerebro de los vertebrados que más ha cambiado durante la evolución.

cerebral hemisphere (hemisferio cerebral) Lados derecho e izquierdo del cerebro de los vertebrados.

cerebrospinal fluid (fluido cefalorraquídeo) Fluido derivado de la sangre que rodea, protege contra infecciones, nutre y amortigua al cerebro y la médula espinal.

cerebrum (cerebro) Parte del encéfalo de los vertebrados compuesto por un hemisferio derecho e izquierdo. Es el centro integrador de la memoria, aprendizaje, emociones y otras funciones altamente complejas del sistema nervioso central.

cervix (cervix) Cuello del útero que se abre en la vagina.

chaparral (chaparral) Bioma seco de arbustos densos, espinosos y perennes típico de latitudes medias a lo largo de las costas donde circulan las corrientes oceánicas frías. Está caracterizado por inviernos moderados y lluviosos y veranos largos, cálidos y secos.

chaperonin (chaperonina) Molécula proteica que asiste en el plegado correcto de las proteínas.

character (carácter) Rasgo hereditario observable.

character displacement (dispersión de caracteres) Tendencia de ciertas características de ser más divergentes en dos poblaciones simpátricas de dos especies que en poblaciones alopátricas de las mismas dos especies.

checkpoint (punto de control) Punto de control crítico en el ciclo celular en el que ciertas señales de detención o continuación regulan dicho ciclo.

chelicera (quelícero) Cada uno del par de apéndices alimentarios con forma de pinza característicos del grupo de los quelicerados.

cheliceriform (Quelicerados) Artrópodos con quelíceros y cuerpo dividido en cefalotorax y abdomen. Los quelicerados modernos y actuales incluyen a las arañas de mar, los cangrejos herradura, los escorpiones, las sarnas y las arañas.

chemical bond (enlace químico) Atracción entre dos átomos que resulta de compartir los electrones del último nivel de energía o bien de la presencia de cargas opuestas en los mismos. Los átomos unidos químicamente completan uno con otro su último nivel de electrones.

chemical energy (energía química) Energía almacenada en los enlaces químicos de las moléculas. Forma de energía potencial.

chemical equilibrium (equilibrio químico) En una reacción química reversible, punto en el cual la velocidad de reacción en un sentido iguala a la velocidad de reacción en el sentido opuesto.

chemical reaction (reacción química) Proceso que conduce a cambios químicos en la materia. Involucra la formación o ruptura de enlaces químicos.

chemiosmosis (quimiósmosis) Mecanismo de acoplamiento de energía que utiliza la energía acumulada bajo la forma de gradiente de ión hidrógeno a través de una membrana para impulsar el trabajo celular, tal como la síntesis de ATP. La mayor parte de la síntesis de ATP en las células ocurre por quimiósmosis.

chemoautotroph (quimioautótrofo) Organismo que requiere dióxido de carbono como única fuente de carbono, pero que obtiene energía a partir de la oxidación de sustancias inorgánicas.

chemoheterotroph (quimioheterótrofo) Organismo que debe obtener tanto la energía como el carbono que necesita por medio del consumo de moléculas orgánicas.

chemoreceptor (quimiorreceptor) Receptor sensorial que responde a un estímulo químico, como un soluto o un odorante.

chiasma (plural, **chiasmata**) (quiasma) Región microscópica visible, con forma de X, en aquellas cromátides homólogas que han intercambiado material genético a través de un *crossing over* durante la meiosis. Los homólogos se mantienen unidos debido a la cohesión de las cromáridas hermanas.

chitin (quitina) Polisacárido estructural de un aminoazúcar típico de muchos hongos y del exoesqueleto de todos los artrópodos.

chlorophyll (clorofila) Pigmento verde localizado en el interior de los cloroplastos de las plantas. La clorofila *a* puede participar directamente en las reacciones lumínicas que transforman la energía solar en energía química.

chlorophyll *a* (clorofila *a*) Tipo de pigmento fotosintético verde-azulado que participa directamente en las reacciones lumínicas.

chlorophyll *b* (clorofila *b*) Tipo de pigmento fotosintético verde-amarillento accesorio que transfiere la energía a la clorofila *a*.

chloroplast (cloroplasto) Organela que se encuentra solamente en las plantas y protistas fotosintéticos. Absorbe la energía de la luz del sol y la utiliza para impulsar la síntesis de compuestos orgánicos a partir de dióxido de carbono y el agua.

choanocyte (coanocito) Célula alimentaria flagelada propia de las esponjas. También se la denomina célula cuello, debido a un anillo con forma de cuello alrededor de la base del flagelo que atrapa las partículas de alimento.

cholesterol (colesterol) Esteroide que constituye un componente esencial de las membranas de la célula animal y actúa como molécula precursora para la síntesis de otros esteroides de importancia biológica, incluidas varias hormonas.

chondrichthyan (condrictio) Miembro de la Clase Chondrichthyes. Vertebrados con esqueletos compuestos principalmente de cartílago, como por ejemplo tiburones y rayas.

chordate (cordado) Miembro del filo Chordata. Animales que en algún momento de su desarrollo poseen una notocorda, una cuerda neural hueca y dorsal, aberturas branquiales faríngeas y una cola postanal muscular.

chorion (corion) La más externa de las cuatro membranas extraembrionarias. Contribuye con la formación de la placenta en los mamíferos.

chorionic villus sampling (CVS) (muestreo de las vellosidades coriónicas, MVC) Técnica de diagnóstico prenatal en la cual se remueve una muestra pequeña de la porción fetal de la placenta y se la analiza para detectar ciertos defectos genéticos y congénitos en el feto.

choroid (coroides) Capa interna delgada y pigmentada del ojo de los vertebrados.

Chromalveolata (cromalveolados) Uno de los cincos supergrupos de eucariotas propuestos por la hipótesis actual de historia evolutiva de los eucariotas. Los cromalveolados parecen haberse originado a partir de una endosimbiosis secundaria e incluye dos clados grandes de protistas, los alveolados y los estramenopilos. *Ver también* Excavata, Rhizaria, Archaeplastida y Unikonda.

chromatin (cromatina) Complejo formado por ADN y proteínas que constituye el cromosoma eucariota. Cuando la célula no está en división, la cromatina existe como una masa de fibras muy largas y delgadas que no son visibles con el microscopio óptico.

chromosome (cromosoma) Estructura con aspecto de hilo que contiene a los genes y se localiza en el núcleo. Cada cromosoma consiste en una molécula muy larga de ADN y proteínas asociadas. (El cromosoma bacteriano consiste generalmente en una molécula circular de AND con proteínas asociadas. Se lo encuentra en la region nuclear, la cual no posee ninguna membrana). *Ver* chromatin (cromatina).

chromosome theory of inheritance (teoría cromosómica de la herencia) Principio básico en biología que establece que los genes están ubicados en los cromosomas y que el comportamiento de los cromosomas durante la meiosis determina los modelos hereditarios.

chylomicron (quilomicrón) Glóbulos pequeños intracelulares compuestos por grasas mezcladas con colesterol y envueltas en proteínas especiales.

chytrid (quítrido) Miembro del filo Chytridiomycota, principalmente hongos acuáticos que producen esporas uniflageladas (zoosporas) y que probablemente representan el linaje de hongos más primitivos.

ciliary body (cuerpo ciliado) Porción del ojo de los vertebrados asociado con las lentes. Produce el humor acuoso, fluido transparente que llena la cavidad anterior del ojo.

ciliate (ciliado) Tipo de protozoario que se desplaza por medio de cilias.

cilium (plural, cilia) (cilio) Apéndice celular corto consistente en microtúbulos. Los cilios motiles son especializados en la locomoción, y están formados por un nueve dobletes de microtúbulos externos y dos microtúbulos internos simples (disposición 9+2) envueltos por una extensión de la membrana plasmática. Un cilio primario es generalmente no móvil y juega un rol sensorial o en señalización; carece de los dos microtúbulos internos (posee un arreglo "9+0."

circadian rhythm (ritmo'. circadiano) Ciclo fisiológico de aproximadamente 24 horas presente en todos los organismos eucarióticos y que persiste aún en ausencia de señales externas.

citric acid cycle (ciclo del ácido cítrico) Ciclo químico que involucra ocho etapas y completa la degradación metabólica de la molécula de glucosa que comenzó en la glicólisis, mediante la oxidación del piruvato a dióxido de carbono. Tiene lugar en la mitocondria en las células eucariotas y en el citosol de las procariotas, y es la segunda etapa más importante en la respiración celular.

clade (clado) Grupo de especies que incluye una especie ancestral y a todos sus descendientes.

cladistics (cladística) Análisis de las semejanzas entre clados o grupos de especies con un antecesor en común.

class (clase) En los sistemas de clasificación, categoría por encima de orden.

class I MHC molecule (molécula CMH clase I) Tipo de molécula del MHC que se encuentra en la superficie celular de la mayoría de las células nucleadas, y que funciona en la identificación de células infectadas por células citotóxicas T.

class II MHC molecules (moléculas CMH clase II) Tipo de molécula del MHC restringida a unos pocos tipos celulares inmunes especializados (como células dendríticas, macrófagos y células B), y que funciona como célula presentadora de antígeno.

classical conditioning (condicionamiento clásico) Tipo de aprendizaje asociativo. Asociación entre un estímulo generalmente irrelevante y una respuesta de comportamiento fija.

cleavage (clivaje) (1) Proceso de citocinesis en las células animales, caracterizado por la constricción de la membrana plasmática. (2) Sucesión de divisiones celulares rápidas sin crecimiento durante el desarrollo embrionario temprano que convierte al cigoto en una bola de células.

cleavage furrow (surco de clivaje) Primer signo de clivaje en una célula animal. Depresión poco profunda en la membrana plasmática cerca del plano metafásico previo.

climate (clima) Condiciones temporales prevalecientes en una determinada localidad.

climograph (climograma) Gráfico de la temperatura y precipitación de una región en particular.

cline (clina) Variación gradual en cierto rasgo que se correlaciona con un gradiente en el ambiente.

clitoris (clítoris) Órgano en las hembras que aumenta de tamaño al llenarse de sangre y se vuelve erecto durante el acto sexual.

cloaca (cloaca) Abertura común de los tractos digestivo, urinario y reproductor que se encuentra en muchos vertebrados no mamíferos, pero en pocos mamíferos.

clonal selection (selección clonal) Proceso por el cual un antígeno se une selectivamente y activa solamente a aquellos linfocitos que contienen receptores específicos para ese antígeno. Los linfocitos seleccionados proliferan y se diferencian en un clon de células efectoras y un clon de células de memoria específico para el antígeno que los estimuló.

clone (clon) (1) Linaje de individuos o células genéticamente idénticas. (2) Según el uso popular, organismo genéticamente idéntico a otro organismo. (3) Como verbo, clonar se refiere a obtener una o más réplicas genéticas de un individuo o célula. Ver también clonado genético.

cloning vector (vector de clonado) En ingeniería genética, agente usado para transferir ADN a una célula huesped donde se replica. Los vectores de clonado incluyen plásmidos que transportan ADN recombinante desde un tubo de ensayo de nuevo al interior de una célula o virus que transfieren ADN recombinante a través de infección.

closed circulatory system (sistema circulatorio cerrado) Sistema circulatorio en el que la sangre está confinada dentro de vasos y es mantenida así separada del fluido intersticial.

club fungus (hongos de sombrero) Ver **Basidiomicetes.**

cnidocyte (cnidocito) Célula especializada propia del filo Cnidaria. Consiste en una organela con forma de cápsula que contiene un hilo delgado enrollado que cuando se dispara, funciona en la defensa y la captura de las presas.

cochlea (cóclea) Órgano complejo de la audición en forma de caracol que contiene el órgano de Corti.

codominance (codominancia) Situación fenotípica en la cual el fenotipo de los dos alelos se exhiben en el heterocigota debido a que ambos alelos afectan al fenotipo de maneras diferentes.

codon (codón) Sequencia de ADN o ARN de tres nucleótidos que especifica un aminoácido en particular o una señal de terminación. Es la unidad básica del código genético.

coefficient of relatedness (coeficiente de parentezco) Fracción de genes que, en promedio, son compartidos por dos individuos.

coelom (celoma) Cavidad del cuerpo tapizada completamente por mesodermo.

coelomate (celomado) Animal con verdadero celoma (cavidad del cuerpo llena de fluido y tapizada completamente por tejido derivado del mesodermo).

coenocytic fungus (hongo cenocítico) Hongo que carece de septos y cuyo cuerpo, por consiguiente, está compuesto por una masa citoplasmática continua multinucleada que puede contener cientos o miles de núcleos.

coenzyme (coenzima) Molécula orgánica que funciona como cofactor. La mayoría de las vitaminas funcionan como coenzimas en reacciones metabólicas importantes.

cofactor (cofactor) Toda molécula o ión no proteico necesario para el funcionamiento correcto de una enzima. Los cofactores pueden estar unidos permanentemente al sitio activo o bien débilmente al sustrato durante la catálisis.

cognition (cognición) Proceso de conocimiento que incluye conciencia, razonamiento, recolección y juicio.

cognitive map (mapa cognitivo) Representación dentro del sistema nervioso de las relaciones espaciales abstractas entre objetos en el ambiente de un animal.

cohesion (cohesión) Unión entre moléculas similares, a menudo por medio de puentes hidrógeno.

cohort (cohorte) Grupo de individuos de la misma edad, desde que nacen hasta que mueren.

coitus (coito) Inserción del pene dentro de la vagina. También llamado acto sexual.

coleoptile (coleoptilo) Cubierta del vástago joven de un embrión de una semilla de gramínea.

coleorhiza (coleorriza) Cubierta de la raíz joven del embrión de una semilla de gramínea.

collagen (colágeno) Glicoproteína de la matriz extracelular de las células animales que forma fibras resistentes y abundantes en el tejido conectivo y en el hueso. Es la proteína más abundante en el reino animal.

collecting duct (conducto colector) En el riñón, sitio donde se colecta el filtrado que proviene de los túbulos renales. El filtrado recibe ahora el nombre de orina.

collenchyma cell (célula del colénquima) Tipo de célula vegetal flexible que se encuentra formando hebras o cilindros que sostienen las partes jóvenes de la planta sin restringir su crecimiento.

colloid (coloide) Mezcla de líquido y partículas que (debido a su gran tamaño) permanecen suspendidas en el líquido.

colon (colon) Porción más grande del intestino grueso de los vertebrados; funciona en la absorción de agua y formación de la material fecal.

commensalism (comensalismo) Relación simbiótica entre dos organismos en la cual uno de los organismos se beneficia pero el otro ni se beneficia ni se perjudica.

communication (comunicación) Comportamiento animal que involucra la transmisión, recepción y respuesta a señales. El término es también usado con respecto a la relación con otros organismos, así como también entre células individuales en organismos multicelulares.

community (comunidad) Todos los organismos que habitan un área determinada. Ensamble de poblaciones de diferentes especies que viven lo suficientemente cerca la una de la otra como para interactuar potencialmente.

community ecology (ecología de comunidades) Estudio del efecto de las interacciones entre especies sobre la estructura y organización de una comunidad.

companion cell (célula acompañante) Tipo de célula vegetal conectada a un miembro del tubo criboso por medio de numerosos plasmodesmos y cuyos núcleos y ribosomas pueden sevir a una o más células de los miembros de los tubos cribosos.

competitive exclusion (exclusión competitiva) Concepto que expresa que, cuando las poblaciones de dos especies similares compiten por los mismos recursos limitados, una de esas poblaciones usará los recursos más eficientemente y tendrá una ventaja reproductiva que eventualmente conducirá a la eliminación de la otra especie.

competitive inhibitor (inhibidor competitivo) Sustancia que reduce la actividad de una enzima al unirse al sitio activo en lugar del sustrato, cuya estructura imita.

complement system (sistema de complemento) Conjunto de 30 proteínas sanguíneas que amplifica la respuesta inflamatoria, aumenta la fagocitosis o participa directamente del lisado de los patógenos. El sistema de complemento se activa con una cascada que es iniciada con antígenos de superficie en microorganismos o con complejos antígeno-anticuerpo.

complementary DNA (cDNA) (ADN complementario, ADNc) Molécula de ADN sintetizada *in vitro* a partir de un ARNm que se usa como templete y de la enzima transcriptasa reversa. Una molécula de ADNc corresponde a los exones de un gen.

complete digestive tract (tracto digestivo completo) Tubo digestivo que se extiende desde la boca hasta el ano. También se lo llama canal alimentario. Un tracto digestivo incompleto tiene solamente una abertura.

complete dominance (dominancia completa) Tipo de herencia en la que los fenotipos del heterocigota y del homocigota dominante son indistinguibles uno del otro.

complete flower (flor completa) Flor que posee los cuatro órganos florales básicos: sépalos, pétalos, estambres y carpelos.

complete metamorphosis (metamorfosis completa) Transformación de una larva en un adulto de apariencia y, a menudo, comportamiento en su ambiente muy diferente.

compound (compuesto) Sustancia que consiste en dos o más elementos en una proporción fija.

compound eye (ojo compuesto) Tipo de ojo multifacetado de los insectos y crustáceos que consiste en varios miles de omatidios, elementos que detectan y enfocan la luz. Son especialmente buenos para detectar movimiento.

concentration gradient (gradiente de concentración) Area en la cual la densidad de una sustancia química aumenta o disminuye.

conception (concepción) En los humanos, fertilización de una célula huevo por una célula espermática.

condensation reaction (reacción de condensación) Reacción en la cual dos moléculas se unen covalentemente a través de la pérdida de una pequeña molécula, generalmente de agua. También se la conoce como reacción de deshidratación.

condom (condón) Cubierta de goma delgada o membrana natural que se ajusta alrededor del pene para recolectar semen.

conduction (conducción) Transferencia directa de movimiento térmico (calor) entre las moléculas de objetos en contacto directo uno con otro.

cone cell (célula cono) Uno de los dos tipos de fotorreceptores en el ojo de los vertebrados que detecta el color durante el día.

conformer (conformista) Caracterización de un animal en relación con variables ambientales. Un conformista permite que ciertas condiciones en su organismo varíen de acuerdo con ciertos cambios externos.

conidium (conidio) Espora asexual haploide producida en el extremo de una hifa especializada en los ascomicetes durante el ciclo de reproducción asexual.

conifer (conífera) Gimnosperma cuya estructura reproductiva es un cono. Las coníferas incluyen a pinos, abetos, *maderas rojas* y otros árboles grandes.

conjugation (conjugación) En bacterias, transferencia directa de ADN entre dos células que se unen temporariamente. En ciliados, proceso asexual por el cual dos células intercambian micronúcleos haploides.

connective tissue (tejido conectivo) Tejido animal que participa principalmente en la unión y soporte de otros tejidos. Posee una población de células esparcidas a través de una matriz extracelular.

conodont (conodonte) Vertebrado primitivo con ojos prominentes y elementos dentales.

conservation biology (biología de la conservación) Estudio integrado de ecología, biología evolutiva, fisiología, biología molecular, genética y biología del comportamiento en un esfuerzo por comprender la diversidad biológica a todos los niveles.

continental drift (deriva continental) Movimiento lento de las placas continentales a lo largo de la superficie terrestre.

contraception (contracepción) Prevención deliberada del embarazo.

contractile vacuole (vacuola contráctil) Saco membranoso que participa en la remoción del exceso de agua en protistas de agua dulce.

control element (elemento de control) Segmento de ADN no codificante que ayuda a regular la transcripción de un gen por medio de la unión con proteínas denominadas factores de transcripción. Existen elementos de control múltiples en la porción amplificadora de un gen eucariótico.

controlled experiment (experimento controlado) Experimento en el cual un grupo experimental se compara con un grupo control que varía en un único factor a ser estudiado.

convection (convección) Movimiento en masa de aire o líquido caliente hacia o desde la superficie de un cuerpo u objeto.

convergent evolution (evolución convergente) Evolución de caracteres similares en linajes evolutivos independientes.

convergent extension (extensión convergente) Mecanismo de desplazamiento celular en el cual las células de una capa de tejido se reorganizan de manera tal que la capa de células se adelgaza (converge) a la vez que se expande en superficie (extiende).

cooperativity (cooperatividad) Tipo de regulación alostérica en la cual la forma de una subunidad de una proteína cambia debido a la interacción con un sustrato y esto es transmitido a todas las otras subunidades, facilitando la unión subsequente de otras moléculas.

copepod (copépodo) Crustáceo pequeño, miembro importante de las comunidades planctónicas marinas y de agua dulce.

coral reef (arrecife coralino) Ecosistema típicamente tropical, de aguas cálidas, dominado por las estructuras esqueléticas duras segregadas principalmente por los cnidarios residentes. Existen también algunos arrecifes en aguas frías, profundas.

corepressor (correpresor) Molécula pequeña que coopera con una proteína bacteriana represora y modifica su forma, permitiendo de esta manera la desactivación del operón.

cork cambium (cambium del corcho) Cilindro de tejido meristemático en las plantas leñosas que reemplaza la epidermis con células del corcho más gruesas y duras.

cornea (córnea) Porción frontal transparente de la esclerótica que permite la entrada de la luz en el ojo de los vertebrados.

corpus callosum (cuerpo calloso) Banda gruesa de fibras nerviosas que conecta los hemisferios cerebrales derecho e izquierdo en los mamíferos placentarios posibilitando a los dos hemisferios el procesamiento conjunto de la información.

corpus luteum (cuerpo lúteo) Tejido secretor en el ovario que se forma a partir del folículo colapsado después de la ovulación y produce progesterona.

cortex (corteza) (1) Región más externa del citoplasma en una célula eucariota, que yace justo por debajo de la membrana plasmática, y posee una consistencia más gelatinosa que las regions más internas, debido a la presencia de multiples microfilamentos. (2) En plantas, tejido de base ubicado entre el tejido vascular y el dérmico en una raíz o tallo de dicotiledónea.

cortical granule (gránulo cortical) Vesícula con enzimas y otras macromoléculas y que se localiza en la corteza (región por debajo de la membrana plasmática) de una célula huevo. Los gránulos corticales experimentan exocitosis durante la reacción cortical.

cortical nephron (nefrón cortical) En mamíferos y aves, nefrón con una asa de Henle localizada casi en su totalidad en la corteza renal.

cortical reaction (reacción cortical) Exocitosis de enzimas a partir de gránulos corticales ubicados en el citoplasma del huevo durante la fertilización, y que conduce a la formación de un saco de fertilización.

corticosteroid (corticosteroide) Hormona esteroidal producida y secretada por la corteza adrenal.

cotransport (cotransporte) Acoplamiento entre la difusión "cuesta abajo" de una sustancia y el transporte "cuesta arriba" de otra en contra de su propio gradiente de concentración.

cotyledon (cotiledón) Hoja seminal de un embrión de angiosperma. Algunas especies poseen un cotiledón y otras dos.

countercurrent exchange (intercambio contracorriente) Flujo opuesto de fluidos adyacentes que maximiza la velocidad de transferencia. Por ejemplo, la sangre en las branquias fluye en dirección opuesta a la del agua que pasa por encima de las branquias, maximizando así la absorción del oxígeno y la pérdida del dióxido de carbono.

countercurrent multiplier system (sistema multiplicador de contracorriente) Sistema de contracorriente en el cual la energía es utilizada en transporte activo para facilitar el intercambio de materiales y crear gradientes de concentración.

covalent bond (enlace covalente) Tipo de enlace químico fuerte en el cual dos átomos comparten un par de electrones de valencia.

cranial nerve (nervio craneal) Nervio que abandona el cerebro e inerva órganos de la cabeza y de la parte superior del cuerpo.

craniata (craniata) Cordado con cabeza.

crassulacean acid metabolism (CAM) (metabolismo ácido de las crasuláceas, MAC) Adaptación de la fotosíntesis a condiciones áridas, descubierto por primera vez en la familia de las Crasulaceas. Durante este proceso, la planta incorpora dióxido de carbono en una variedad de ácidos orgánicos por la noche; durante el día, el CO_2 es liberado como ácidos orgánicos para ser utilizado en el ciclo de Calvin.

crista (plural, cristae) (cresta) Plegamiento de la membrana interna de una mitocondria que aloja la cadena transportadora de electrones y la enzima que cataliza la síntesis de ATP (ATP sintetasa).

critical load (carga crítica) Cantidad de nutriente agregado, generalmente nitrógeno o fósforo, que puede ser absorbido por las plantas sin dañar la integridad del ecosistema.

crop rotation (rotación de cultivos) Alternancia de cultivos no leguminosos un año y leguminosos el siguiente para recuperar la concentración del nitrógeno fijado en el suelo.

cross-fostering study (estudio inter-parental) Estudio del comportamiento en el cual los jóvenes de una especies se ponen al cuidado de los padres de otra especie.

crossing over (*crossing over*) Intercambio recíproco de material genético entre cromátidas no hermanas durante la profase I en la meiosis.

cross-pollination (polinización cruzada) En angiospermas, transferencia de polen desde una antera de una flor de una planta al estigma de una flor de otra planta de la misma especie.

crustacean (crustáceo) Miembro del subfilo de artrópodos que incluye langostas, camarones, cangrejos, langostinos y dientes de perro.

cryptic coloration (coloración críptica) Camuflaje que hace que una presa potencial se vuelva difícil de identificar contra la coloración del fondo.

culture (cultura) Sistema de información que se transfiere a través del aprendizaje social, o enseñanza que influye sobre el comportamiento de los individuos de una población.

cuticle (cutícula) (1) Cubierta cerosa sobre la superficie de tallos y hojas que funciona como adaptación para la prevención de la desecación en las plantas terrestres. (2) Exoesqueleto de un artrópodo que consiste en capas de proteína y quitina modificadas de diversas maneras para diferentes funciones. (3) Cubierta gruesa que recubre el cuerpo de un nemátodo.

cyclic AMP (cAMP) (AMP cíclico, AMPc) Monofosfato cíclico de adenosina, molécula con forma de anillo producida a partir del ATP que es una molécula de señal intracelular común (segundo mensajero) en las células eucarióticas (por ejemplo, en las células endocrinas de los vertebrados). También funciona como regulador en ciertos operones bacterianos.

cyclic electron flow (flujo cíclico de electrones) Recorrido del flujo de electrones durante las reacciones lumínicas de la fotosíntesis que involucra solamente al fotosistema I y que produce ATP, pero no produce NADPH ni oxígeno.

cyclin (ciclina) Proteína regulatoria cuya concentración fluctúa cíclicamente, y que cumple un papel importante en la regulación del ciclo celular.

cyclin-dependent kinase (Cdk) (quinasa dependiente de ciclina, Kdc) Proteína quinasa que se activa sólo cuando está unida a una ciclina en particular.

cystic fibrosis (fibrosis cística) Desorden genético que ocurre en personas con dos copias de cierto alelo recesivo. Está caracterizado por una secreción excesiva de mucus y consecuente vulnerabilidad a la infección. Si no se trata, es letal.

cytochrome (citocromo) Proteína que contiene hierro y es un componente de las cadenas transportadoras de electrones en las mitocondrias y cloroplastos de las células eucariotas, y en las membranas plasmáticas de células procariotas.

cytologenetic map (mapa citogenético) Gráfico de un cromosoma que localiza los genes con respecto a las características cromosómicas.

cytokine (citoquina) Grupo de proteínas segregadas por un número de tipos celulares, incluidos los macrófagos y células ayudantes T y que regulan la función de linfocitos y otras células del sistema inmune.

cytokinesis (citoquinesis) División del citoplasma para formar dos células hijas individuales inmediatamente después de la mitosis, meiosis I, o meiosis II.

cytokinin (citoquinina) Clase de hormonas vegetales que retardan el envejecimiento y actúan juntamente con las auxinas para estimular las divisiones celulares, influir sobre la diferenciación y controlar la dominancia apical.

cytoplasm (citoplasma) Contenido total de la célula, excluyendo el núcleo, rodeado por la membrana plasmática.

cytoplasmic determinant (determinante citoplasmático) Sustancia materna, como por ejemplo una proteína o ARN, contenida en el huevo y que influye sobre el curso del desarrollo temprano por medio de la regulación de la expresión de genes que afectan el destino en el desarrollo de células.

cytoplasmic streaming (corriente citoplasmática) Flujo circular de citoplasma que involucra a los filamentos de actina y miosina y acelera la distribución de materiales dentro de las células.

cytoskeleton (citoesqueleto) Red de microtúbulos, microfilamentos y filamentos intermedios que se ramifica a través del citoplasma y contribuye con una variedad de funciones mecánicas, de transporte y de señalización.

cytosol (citosol) Porción semifluida del citoplasma.

cytotoxic T cell (célula citotóxica T) Tipo de linfocito que, activado, destruye células infectadas, cancerosas y células transplantadas.

dalton (dalton) Unidad de medida de la masa de los átomos y las partículas subatómicas; es equivalente a la unidad de masa atómica, o uma.

data (datos) Observaciones recolectadas.

day-neutral plant (planta de día neutro) Planta cuya floración no es afectada por el fotoperíodo o por la duración del día.

decapod (decápodo) Miembro de un grupo de crustáceos que incluye a las langostas marinas, camarones, cangrejos y langostinos.

decomposer (descomponedor) Hongos saprófitas y procariotas que absorben nutrientes de material orgánico muerto tal como cadáveres, hojarasca y desechos de organismos vivos y los convierten en materiales inorgánicos; detritívoros.

deductive reasoning (razonamiento deductivo) Tipo de lógica en la cual los resultados específicos se predicen a partir de una premisa general.

deep-sea hydrothermal vent (abertura hidrotermal de abismos oceánicos) Ambiente oscuro, cálido, con poco oxígeno asociado con actividad volcánica. Los productores de alimentos son procariotas quimioautótrofos.

de-etiolation (de-etiolación) Cambios que experimenta el vástago de una planta en respuesta al sol. Se la conoce informalmente como "enverdecimiento".

dehydration reaction (reacción de deshidratación) Reacción química en la cual dos moléculas se unen covalentemente entre sí con pérdida de una molécula de agua.

deletion (deleción) (1) Deficiencia en un cromosoma como resultado de la pérdida de un fragmento a partir de una fractura. (2) Pérdida mutacional de uno o más pares de nucleótidos de un gen.

demographic transition (transición demográfica) Cambio que experimenta una población en crecimiento rápido que pasa de tener una velocidad de natalidad que sobrepasa a la velocidad de mortalidad, a una población con crecimiento cero caracterizada por tasas de mortalidad y natalidad bajas.

demography (demografía) Estudio de la estadística relacionado con nacimientos y muertes en poblaciones.

denaturation (desnaturalización) En las proteínas, proceso por el cual una proteína se desenrolla y pierde su conformación nativa, convirtiéndose en biológicamente inactiva. En el ADN, separación de las dos hebras de la doble hélice. La desnaturalización ocurre bajo condiciones extremas de pH, concentración salina y temperatura.

dendrite (dendrita) Cada una de las numerosas ramificaciones cortas de las neuronas que conducen los impulsos nerviosos hacia el cuerpo celular.

dendritic cell (célula dendrítica) Célula presentadora de antígenos, localizada principalmente en los tejidos linfáticos y en la piel y que es especialmente eficiente en presentar los antígenos a células ayudantes T, iniciando de esta manera una respuesta inmune primaria.

density (densidad) Número de individuos por unidad de área o de volumen.

density dependent (densidad-dependiente) Cualquier característica que varíe de acuerdo con un incremento en la densidad de una población.

density independent (independiente de la densidad) Se refiere a toda característica que es afectada por la densidad poblacional.

density-dependent inhibition (inhibición dependiente de la densidad) Fenómeno que se observa en células animales normales que determina que dejen de dividirse cuando entran en contacto entre sí.

deoxyribonucleic acid (DNA) (ácido desoxirribonucleico, ADN) Molécula de ácido nucleico de doble hebra, helicoidal, que consiste en monómeros de nucleótidos con un azúcar deoxirribosa y bases nitrogenadas adenina (A), citosina (C), guanina (G) y timina (T); capaz de replicarse y determinar la estructura heredable de las proteínas de una célula.

deoxyribose (desoxirribosa) Azúcar componente del ADN, con un grupo hidroxilo menos que la ribosa, azúcar presente en el ARN.

depolarization (despolarización) Cambio en el estado eléctrico de una célula excitable durante el cual el interior celular se vuelve menos negativo con respecto al exterior comparado con el valor del potencial en el reposo. Una membrana neuronal se despolariza si un estímulo disminuye su voltaje respecto del valor en el reposo (-70 mV) acercándolo a cero.

dermal tissue system (sistema de tejido dérmico) Cubierta externa protectora en las plantas.

desert (desierto) Bioma terrestre caracterizado por precipitaciones muy bajas.

desmosome (desmosoma) Tipo de unión intercelular en células animales que funciona como un fijador.

determinate cleavage (clivaje determinante) Tipo de desarrollo embrionario en los protostomados que determina rígidamente el destino de cada célula embrionaria desde muy temprano.

determinate growth (crecimiento determinado) Tipo de crecimiento característico de los animales y algunos organismos vegetales en el cual el organismo deja de crecer cuando alcanza un tamaño determinado.

determination (determinación) Restricción progresiva en el desarrollo potencial que ocasiona que el destino posible de cada célula se vuelva más limitado a medida que el embrión se desarrolla. Al final de la determinación, cada célula está comprometida con un destino en particular.

detritivore (detritívoro) Organismo consumidor que obtiene su energía a partir de material orgánico sin vida tal como cadáveres, material vegetal caído, o desperdicios de otros organismos vivos; descomponedor.

detritus (detrito) Materia orgánica sin vida.

deuteromycete (deuteromicete) Clasificación tradicional que recibe un hongo al que no se le conoce estadío sexual. Cuando se descubre un estadío sexual en un supuesto deuteromicete, la especie se asigna entonces a un filo. Se lo llama también hongo imperfecto.

deuterostome development (desarrollo deuterostomado) En animales, tipo de desarrollo que se distingue por la formación de un ano a partir del blastoporo; está caracterizado a menudo por un desarrollo enterocélico de la cavidad del cuerpo (bolsillos en el tejido mesodérmico) y por clivaje radial.

diabetes mellitus (*diabetes mellitus*) Desorden endocrino caracterizado por la incapacidad de mantener la homeostasis de la glucosa. La forma tipo I es el resultado de la destrucción autoinmune de las células secretoras de insulina. Su tratamiento requiere inyecciones de insulina varias veces al día. En la forma tipo II los individuos desarrollan en forma gradual una resistencia periférica a la insulina, en la mayoría de los casos acompañada de una deficiencia relativa en su secreción. La obesidad y la falta de ejercicio son factores de riesgo.

diacylglycerol (DAG) (diacilglicerol, DAG) Segundo mensajero producido a partir de la ruptura de un tipo específico de fosfolípido en la membrana plasmática.

diaphragm (diafragma) (1) Capa de músculos que forma la pared inferior de la cavidad torácica en los mamíferos. Participa en la ventilación de los pulmones. (2) Membrana de goma con forma de copa que se inserta en la parte superior de la vagina antes del acto sexual y funciona como barrera física para bloquear el paso del esperma.

diapsid (diápsido) Miembro de un clado amniota que se diferencia por la presencia de un par de orificios a cada lado del cráneo y que incluye los lepidosaurus y los arcosaurus.

diastole (diástole) Etapa en el ciclo cardíaco en la que el músculo del corazón está relajado, permitiendo que las cámaras se llenen de sangre.

diastolic pressure (presión diastólica) Presión sanguínea remanente entre contracciones cardíacas.

diatom (diatomea) Alga unicelular fotosintética, con una pared celular vítrea compuesta de sílice.

dicot (dicotiledónea) Término tradicionalmente utilizado con referencia a las plantas con flores que poseen dos hojas embrionarias en las semillas, o cotiledones. Evidencia molecular reciente indica que las dicotiledóneas no forman un clado (*ver* **eudicotiledóneas**). Algunas especies que anteriormente se clasificaron como dicotiledóneas se agrupan ahora en las eudicotiledóneas, magnólidas y diversos linajes de angiospermas basales.

differential gene expression (expresión génica diferencial) Expresión de grupos diferentes de genes en células con el mismo genoma.

diffusion (difusión) Tendencia espontánea de una sustancia a moverse a favor de su gradiente de concentración, desde una zona de mayor concentración a una de menor concentración.

digestion (digestión) Proceso de transformación de las moléculas de alimento en sustancias lo suficientemente sencillas como para poder ser absorbidas por el cuerpo.

dihybrid (dihíbrido) Organismo heterocigota con respecto a dos genes de interés. Toda la descendencia de una cruza entre padres doblemente homocigotos para alelos diferentes es dihíbrida. Por ejemplo, padres con el genotipo *AABB* y *aabb* producen un dihíbrido con genotipo *AaBb*.

dikaryotic (dicariótico) Se refiere al micelio de un hongo que posee dos núcleos haploides por célula, uno proveniente de cada padre.

dinoflagellate (dinoflagelado) Miembro de un grupo de algas fotosintéticas unicelulares en su mayoría con dos flagelos situados en surcos perpendiculares sobre placas celulósicas cubriendo la célula.

dinosaur (dinosaurio) Miembro de un grupo extremadamente diverso de reptiles antiguos que diferían en la forma del cuerpo, el tamaño y el hábitat.

dioecious (dioico) Término que se utiliza para describir una especie angiosperma en la cual los órganos de reproducción (flores con carpelos, estambres, etc.) están en plantas separadas.

diploblastic (diploblástico) Que posee dos capas germinales.

diploid cell (célula diploide) Célula que contiene dos juegos de cromosomas ($2n$), un juego de cada progenitor.

diplomonad (diplomónada) Protista con mitocondrias modificadas, dos núcleos de tamaño idéntico y flagelos múltiples.

directional selection (selección direccional) Selección natural que beneficia a los individuos en uno de los extremos del rango fenotípico, o que se reproducen más exitosamente que otros individuos.

disaccharide (disacárido) Azúcar doble, compuesto por dos monosacáridos unidos por un enlace glicosídico formado durante una reacción de deshidratación.

discovery science (ciencia de descubrimiento) Proceso de inquisición científica que se centra en la descripción de la naturaleza.

dispersal (dispersión) Movimiento de individuos (o gametas) lejos de la localización de los padres. Este movimiento a menudo expande los límites geográficos de una población o de una especie.

dispersion (dispersión) Patrón de esparcimiento entre los individuos de una población dentro de los límites geográficos de la misma.

disruptive selection (selección disruptiva) Selección natural en la cual los individuos de ambos extremos de un rango fenotípico sobreviven o se reproducen más exitosamente que los individuos con fenotipos intermedios.

distal tubule (túbulo distal) En el riñón de los vertebrados, porción del nefrón que ayuda a refinar el filtrado y lo vuelca en el tubo colector.

disturbance (disturbio) Fuerza que modifica una comunidad biológica y generalmente remueve organismos fuera de ella. Disturbios tales como incendios y tormentas representan un papel central en la estructuración de muchas comunidades biológicas.

disulfide bond (puente disulfuro) Enlace covalente fuerte que se forma cuando el azufre de una monómero cisteína se une al azufre de otra monómero cisteína.

DNA (deoxyribonucleic acid) (ADN, ácido deoxirribonucleico) Molécula de ácido nucleico de doble hebra, helicoidal, compuesto por monómeros de nucleótidos con un azúcar deoxirribosa; capaz de replicarse, y determina la estructura hereditaria de las proteínas de una célula.

DNA ligase (ADN ligasa) Enzima de unión esencial para la replicación del ADN. Cataliza el enlace covalente del extremo 3' de un fragmento nuevo de ADN (tal como un fragmento de Okazaki) con el extremo 5' de otro fragmento de ADN (tal como una cadena de ADN en crecimiento).

DNA microarray assay (análisis de microarreglo del ADN) Método para detectar y medir la expresión de miles de genes simultáneamente. Sobre un portaobjetos de vidrio, se fijan pequeñas cantidades de un gran número de fragmentos de ADN de hebra simple que representan diferentes genes. Estos fragmentos, que idealmente representan todos los genes de un organismo, son probados por hibridización con varias muestras de moléculas de ADNc.

DNA polymerase (ADN polimerasa) Enzima que cataliza la elongación de un ADN nuevo (por ejemplo, una pinza de replicación) por medio de la adición de nucleótidos al extremo 3' de una cadena existente. Existen muchas clases diferentes de ADN polimerasas; la ADN polimerasa III y la ADN polimeras I juegan un papel muy importante en la replicación de ADN de procariotas.

domain (dominio) (1) Categoría taxonómica por encima del nivel de reino. Los tres dominios conocidos son Archaea, Bacteria y Eukarya. (2) Parte de una proteína que se pliega independientemente.

dominant allele (alelo dominante) Alelo que se expresa completamente en el fenotipo de un heterocigota.

dominant species (especie dominante) Especies en una comunidad con mayoría de abundancia o mayor biomasa. Dichas especies ejercen un control poderoso sobre la aparición y distribución de las demás especies.

dopamine (dopamina) Amina biogénica relacionada estrechamente con la epinefrina y norepinefrina.

dormancy (dormancia) Condición que se caracteriza por un ritmo metabólico extremadamente lento y una detención en el crecimiento y el desarrollo.

dorsal (dorsal) Perteneciente a la zona de la espalda de un animal con simetría bilateral.

dorsal lip (labio dorsal) Región por encima del blastoporo en la parte dorsal del embrión de un anfibio.

double bond (enlace doble) Enlace covalente doble; dos átomos comparten dos pares de electrones de valencia.

double circulation (circulación doble) Modelo de circulación con circuitos pulmonar y sistémico separados, en el cual la sangre pasa a través del corazón después de completar cada circuito.

double fertilization (fertilización doble) Mecanismo de fertilización en angiospermas en la cual dos células espermáticas se unen a dos células en el gametófito femenino (saco embrionario) para formar el cigoto y el endosperma.

double helix (doble hélice) Forma que adopta el ADN nativo con respecto a sus dos hebras antiparalelas de polinucleótidos adyacentes, las cuales se enrollan formando una espiral alrededor de un eje imaginario.

Down syndrome (síndrome de Down) Enfermedad genética humana que resulta de poseer un cromosoma 21 extra y que se caracteriza por retardo mental y defectos cardíacos y respiratorios.

Duchenne muscular dystrophy (distrofia muscular de Duchenne) Enfermedad genética humana causada por un alelo recesivo ligado al sexo. Se caracteriza por un debilitamiento progresivo y pérdida del tejido muscular.

duodenum (duodeno) Primera sección del intestino delgado en la que el quimo ácido del estómago se mezcla con los jugos digestivos del páncreas, hígado, vesícula biliar y células glandulares de la pared intestinal.

duplication (duplicación) Aberración en la estructura cromosómica debido a la fusión con un fragmento de un cromosoma homólogo de tal manera que un fragmento de un cromosoma se duplica.

dynamic stability hypothesis (hipótesis de estabilidad dinámica) Idea que sostiene que las cadenas alimentarias largas son menos estables que las cadenas cortas.

dynein (dineína) Proteína contráctil grande que forma los brazos laterales de los dobletes de microtúbulos en cilias y flagelos. La hidrólisis de ATP promueve cambios en la forma de la dineína y conduce a la flexión de las cilias y flagelos.

E site (sitio E) Uno de los tres sitios de unión para el ARNt durante la traducción; lugar donde los ARNt vacíos abandonan el ribosoma. E se refiere a sitio de *exit* (inglés) o sea, sitio de salida.

ecdysone (ecdisona) Hormona esteroidea secretada por las glándulas protorácicas que inicia la muda en los artrópodos.

ecdysozoan (ecdisozoario) Miembro de un grupo de fila de animales con desarrollo protostomado que algunos sistemáticos hipotetizan que forma un clado, el cual incluye a muchos animales con muda.

echinoderm (equinodermo) Animal marino deuterostomado, sésil o de movimientos lentos con un sistema vascular de agua y, en adultos, anatomía radial. Los equinodermos incluyen estrellas de mar, erizos de mar, estrellas frágiles, crinoideos y estrellas cesto.

ecological footprint (huella ecológica) Agregado de superficie terrestre y acuática requerida por una persona, ciudad o nación para producir todos los recursos que ésta consume, o para absorber todos los desperdicios que genera.

ecological niche (nicho ecológico) Suma total de recursos bióticos y abióticos usados por una especie en su ambiente.

ecological species concept (concepto de especie ecológica) Define a las especies en términos de nicho ecológico, suma de los modos como los miembros de una especie interactúan con las partes vivas y no vivas de un ambiente.

ecological succession (sucesión ecológica) Transición en la composición de especies de una comunidad biológica, a menudo luego de un disturbio ecológico de la comunidad. Establecimiento de una comunidad biológica en un área virtualmente desprovista de vida.

ecology (ecología) Estudio de la interacción de los organismos con su ambiente.

ecosystem (ecosistema) Todos los organismos de un área determinada, así como también los factores abióticos con los que interactúan; comunidad o comunidades y el ambiente físico que las rodea.

ecosystem ecology (ecología de ecosistemas) Estudio del flujo de energía y del ciclo de sustancias químicas entre los diversos factores bióticos y abióticos en un ecosistema.

ecosystem service (servicio de ecosistema) Función que desarrolla un ecosistema que directa o indirectamente beneficia a los humanos.

ecotone (ecotono) Transición desde un tipo de hábitat o ecosistema a otro, tal como la transición de un bosque a una pradera.

ectoderm (ectodermo) La más externa de las tres capas germinales primarias en embriones animales. Origina la cubierta exterior y, en algunos filos, el sistema nervioso, el oído interno y las lentes del ojo.

ectomycorrhizae (ectomicorriza) Asociación de un hongo con el sistema de raíz de una planta en la que el hongo rodea a la raíz pero no causa invaginación de las membranas celulares de las células huésped.

ectomycorrhizal fungus (hongo ectomicorrizo) Hongo simbiótico que forma vainas de hifas sobre la superficie de las raíces de las plantas y que también crece entre los espacios extracelulares de la corteza de la raíz.

ectoparasite (ectoparásito) Parásito que se alimenta sobre la superficie externa de un hospedador.

ectopic (ectópico) Que ocurre en una localización anormal.

ectoproct (ectoprocto) Lofoforado sésil, colonial, comúnmente denominado briozoario.

ectothermic (ectotérmico) Se refiere a los organismos en los cuales la fuente primaria de calor utilizado en la regulación de la temperatura es externa.

Ediacaran biota (biota ediacarana) Grupo antiguo de eucariotes multicelulares de cuerpo blando cuyos fósiles datan de 565 a 545 millones de años.

effective population size (tamaño de población efectiva) Estimación del tamaño de una población basada en el número de hembras y machos que sucesivamente engendran, generalmente menor que la población total.

effector cell (célula efectora) (1) Célula muscular o glandular que lleva a cabo las respuestas del cuerpo a los estímulos. Responde a señales del cerebro u otros centros de procesamiento del sistema nervioso. (2) Linfocito que ha mantenido una selección clonal y es capaz de mediar una respuesta inmune adquirida.

efferent arteriole (arteriola eferente) En el riñón, vaso sanguíneo que drena un nefrón.

egg (huevo) Gameta femenina.

egg-polarity gene (genes de polaridad del huevo) Uno de los nombres que reciben los genes para el efecto materno. Dichos genes controlan la orientación (polaridad) del huevo.

ejaculation (eyaculación) Propulsión del esperma desde el epidídimo a través del vaso deferente muscular, conducto eyaculatorio y uretra.

ejaculatory duct (conducto eyaculatorio) Porción pequeña de la vía eyaculatoria en los mamíferos formada por la confluencia del conducto deferente y el conducto de la vesícula seminal. El conducto eyaculatorio transporta el esperma desde el vaso deferente hasta la uretra.

electrocardiogram (ECG or EKG) (electrocardiograma, ECG) Registro de los impulsos eléctricos del corazón que viajan a través del músculo cardíaco durante el ciclo cardíaco.

electrochemical gradient (gradiente electroquímico) Gradiente de difusión de un ión, el cual depende de tanto la diferencia de concentración del ión a través de una membrana (fuerza química) como de su tendencia a moverse debido al potencial de membrana (fuerza eléctrica).

electrogenic pump (bomba electrogénica) Proteína que genera voltaje a través de la membrana.

electromagnetic receptor (receptor electromagnético) Receptor de energía electromagnética como luz visible, electricidad y magnetismo.

electromagnetic spectrum (espectro electromagnético) Espectro de radiación completo que abarca desde longitudes de onda menores a un nanómetro hasta más de un kilómetro.

electron (electrón) Partícula subatómica con una carga negativa y una masa de alrededor $^1/_{2,000}$ la masa de un neutrón o protón. Uno o más electrones se mueven alrededor del núcleo de un átomo.

electron microscope (EM) (microscopio electrónico, ME) Tipo de microscopio que utiliza un haz de electrones sobre o a través de un espécimen, lo cual proporciona un poder de resolución mil veces mayor que el de un microscopio óptico. El microscopio electrónico de transmisión (MET) se utiliza para estudiar las estructuras internas de una sección delgada de células. El microscopio electrónico de barrido o *scanning* (MES) se usa para estudiar los detalles más finos de las superficies celulares.

electron shell (capa de electrones) Nivel de energía de los electrones correspondiente a una distancia promedio característica desde el núcleo del átomo.

electron transport chain (cadena transportadora de electrones) Secuencia de moléculas transportadoras de electrones (proteínas de membrana) que impulsan electrones durante las reacciones de óxido-reducción que liberan la energía utilizada en la producción de ATP.

electronegativity (electronegatividad) Atracción de un átomo determinado sobre los electrones presentes en un enlace covalente.

electroporation (electroporación) Técnica para introducir ADN recombinante dentro de las células por medio de la aplicación de un breve pulso eléctrico a una solución que contiene células. La electricidad despolariza la membrana plasmática creando orificios temporarios en de las células a través de los cuales puede entrar el ADN.

element (elemento) Toda sustancia que no puede separarse ni descomponerse en sustancias más sencillas.

elimination (eliminación) Cuarto y último estadio en el procesado de alimentos en los animales: pasaje de material no digerido hacia afuera del compartimiento digestivo.

embryo sac (saco embrionario) Gametofito femenino de las angiospermas, formado a partir del crecimiento y división de la megaspora en una estructura multicelular con ocho núcleos haploides.

embryonic lethal (letal embrionario) Mutación que produce fenotipos que conducen a la muerte del embrión o del estadio larval.

embryophyte (embriófito) Nombre asignado a las plantas terrestres en reconocimiento de que éstas comparten un rasgo común derivado de embriones multicelulares interdependientes.

emergent properties (propiedades emergentes) Propiedades nuevas que emergen con cada paso progresivo en la jerarquía de vida, debidas al arreglo e interacciones de las partes a medida que la complejidad aumenta.

emigration (emigración) Movimiento de salida de individuos de una población.

enantiomer (enantiómero) Una de dos moléculas que son imágenes especulares la una de la otra.

endangered species (especie en peligro de extinción) Especie en peligro de desaparecer en su totalidad o en una porción significativa de su ámbito.

endemic (endémica) Referido a una especie confinada a un área geográfica específica, relativamente pequeña.

endergonic reaction (reacción endergónica) Reacción química no espontánea en la cual la energía libre es absorbida de sus alrededores.

endocrine gland (glándula endocrina) Glándula carente de conducto que secreta hormonas directamente al fluido intersticial, a partir del cual se difunden en el torrente sanguíneo.

endocrine system (sistema endocrino) Sistema interno de comunicación química que involucra hormonas, glándulas sin conducto que secretan las hormonas, y receptores moleculares sobre o dentro de las células blanco que responden a esas hormonas. Funciona en concierto con el sistema nervioso para modular la regulación interna y mantener la homeostasis.

endocytosis (endocitosis) En la célula, obtención de macromoléculas y de sustancias particuladas en regiones localizadas de la membrana plasmática, la cual rodea a la sustancia y se separa de la superficie para formar una vesícula intracelular.

endoderm (endodermo) La más interna de las tres capas germinales primarias en embriones animales. Tapiza el arquenterón y da origen al hígado, páncreas, pulmones y al revestimiento interno del tracto digestivo en aquellas especies que poseen estas estructuras.

endodermis (endodermis) Capa más interna de la corteza en las raíces de los vegetales. Cilindro de una célula de espesor que forma el límite entre la corteza y el cilindro vascular.

endomembrane system (sistema de endomembranas) Conjunto de membranas por dentro y alrededor de una célula eucariota relacionadas entre sí ya sea por contacto físico directo o por la transferencia de vesículas membranosas. Incluye el retículo endoplásmico liso y rugoso, aparato de Golgi, lisosomas y vacuolas.

endometriosis (endometrosis) Condición que resulta de la presencia de tejido endometrial por fuera del útero.

endometrium (endometrio) Tapizado interno del útero, irrigado abundantemente por vasos sanguíneos.

endoparasite (endoparásito) Parásito que vive dentro del hospedador.

endophyte (endófito) Hongo que vive dentro de la hoja u otra parte de una planta sin causar daño a la planta.

endoplasmic reticulum (ER) (retículo endoplasmático, RE) Profusa red membranosa en las células eucarióticas que se continúa con la membrana nuclear externa y está compuesta por ribosomas adheridos (RE rugoso) y otra libre de ribosomas (RE liso).

endorphin (endorfina) Una de las varias hormonas producidas en el cerebro y en la pituitaria anterior que inhibe la percepción del dolor.

endoskeleton (endoesqueleto) Esqueleto rígido incluido dentro de los tejidos blandos de un animal, tal como las espículas de las esponjas, las placas de los equinodermos y los esqueletos óseos de los vertebrados.

endosperm (endosperma) Tejido rico en nutrientes formado por la unión de una célula espermática con dos núcleos polares durante una fertilización doble y que proporciona alimento al embrión en desarrollo en las semillas de las angiospermas.

endospore (endospora) Célula de resistencia, rodeada por una cubierta dura, producida en el interior de una célula bacteriana expuesta a condiciones adversas.

endosymbiosis (endosimbiosis) Proceso por el cual un organismo unicelular (el "huésped") engolfa otra célula, la cual se mantiene viva dentro de la célula huésped y finalmente se transforma en una organela de la célula huésped. También se refiere a la hipótesis que sostiene que las mitocondrias y los plástidos fueron originalmente pequeños procariotas que comenzaron a vivir dentro de células de mayor tamaño.

endothelin (endotelina) Péptido producido por el endotelio de un vaso sanguíneo que causa vasoconstricción.

endothelium (endotelio) Capa de células más internas, escamosas simples, que tapiza el interior de vasos sanguíneos. Es el constituyente estructural único de los capilares.

endothermic (endotérmico) Se refiere a los organismos cuyos cuerpos se mantienen calientes gracias al calor generado por el metabolismo. Este calor generalmente se utiliza para mantener una temperatura corporal relativamente estable, más elevada que la del medio externo.

endotoxin (endotoxina) Componente tóxico de las membranas exteriores de ciertas bacterias Gram-negativas que se libera cuando la bacteria muere.

energetic hypothesis (hipótesis energética) Concepto que establece que la longitud de una cadena alimentaria es limitada, como consecuencia de la ineficiencia en la transferencia de energía a lo largo de la cadena.

energy (energía) Capacidad de realizar un trabajo (de mover materia en contra de una fuerza opositora).

energy coupling (acoplamiento de energía) En el metabolismo celular, utilización de la energía liberada en una reacción exergónica para impulsar una reacción endergónica.

enhancer (amplificador) Segmento de ADN que contiene múltiples elementos de control; puede estar localizado lejos del gen que regula.

enteric division (división entérica) Red compleja de neuronas en el tracto digestivo, páncreas y vesícula biliar. Normalmente se encuentra regulada por las divisiones simpática y parasimpática del sistema nervioso autónomo.

entropy (entropía) Medida cuantitativa del desorden o aleatoriedad, simbolizado con una "S".

enzymatic hydrolysis (hidrólisis enzimática) Proceso de la digestión que rompe las macromoléculas de alimento por medio de la adición enzimática de agua.

enzyme (enzima) Proteína que actúa como catalizador, agente químico que modifica la velocidad de una reacción sin ser consumido durante la reacción.

enzyme-substrate complex (complejo enzima-sustrato) Complejo temporal que se forma cuando una enzima se une a su molécula(s) sustrato.

eosinophil (eosinófilo) Tipo de glóbulos blancos con baja actividad de fagocitosis; se piensa que juega un rol en la defensa en contra de gusanos parásitos liberando enzimas tóxicas para estos invasores.

epicotyl (epicótilo) En el embrión de una angiosperma, eje embrionario por encima del punto de inserción de los cotiledones.

epidermis (epidermis) (1) Sistema de tejido dérmico en las plantas no leñosas. Generalmente consiste en una capa única de células muy apretadas. (2) Cubierta externa de los animales.

epididymis (epidídimo) Túbulo contorneado adyacente a los testículos donde se acumula el esperma.

epigenetic inheritance (herencia epigenética) Herencia de rasgos transmitidos por mecanismos que no involucran directamente la secuencia nucleotídica.

epinephrine (epinefrina) Hormona catecolamina secretada por la médula adrenal que media las respuestas de lucha o vuelo del estrés a corto plazo. También funciona como neurotransmisor.

epiphyte (epífita) Planta que se alimenta a sí misma pero que crece sobre la superficie de otra planta como soporte, generalmente sobre las ramas o troncos de árboles tropicales.

epistasis (epistasis) Tipo de interacción génica en la cual un gen altera los efectos fenotípicos de otro gen que se hereda independientemente.

epithelial tissue (tejido epitelial) Capas de células muy apretadas unas con otras que tapizan los órganos y las cavidades del cuerpo.

epithelium (epitelio) Tejido epitelial.

epitope (epitopo) Región pequeña y accesible de un antígeno a la cual se une un receptor de antígeno o un anticuerpo. También se la conoce como determinante antigénico.

EPSP *Ver* **potencial postsináptico excitatorio.**

equilibrium potential (E_{ion}) (potential de equilibrio, $E_{ión}$) Magnitud del potencial de membrana de una célula en el equilibrio. Se lo calcula mediante la ecuación de Nernst.

erythrocyte (eritrocito) Glóbulo rojo sanguíneo que contiene hemoglobina, cuya función es transportar oxígeno en el sistema circulatorio.

erythropoietin (eritropoyetina) Hormona producida en el riñón cuando los tejidos del cuerpo no reciben suficiente oxígeno. Estimula la producción de eritrocitos.

esophagus (esófago) Canal que conduce a la comida, por medio de peristalsis, desde la faringe hasta el estómago.

essential amino acid (amino ácido esencial) Aminoácido que un animal no puede sintetizar por sí mismo y que debe ser obtenido de los alimentos. Existen ocho aminoácidos esenciales en el humano adulto.

essential element (elemento esencial) En plantas, elemento químico que la planta necesita para crecer a partir de una semilla y completar su ciclo de vida, produciendo otra generación de semillas.

essential fatty acid (ácido graso esencial) Tipo de ácido graso insaturado que los animales necesitan pero no pueden fabricar.

essential nutrient (nutriente esencial) Sustancia que un organismo debe absorber en forma pre-ensamblada porque no se lo puede sintetizar a partir de ningún otro material. En los humanos, existen vitaminas, minerales, animoácidos y ácidos grasos esenciales.

estradiol (estradiol) Hormona steroidea que estimula el desarrollo y mantenimiento del tracto reproductor femenino y las características sexuales secundarias; es el principal estrógeno en los mamíferos.

estrogen (estrógeno) Hormona esteroidea, como por ejemplo el estradiol, que estimula el desarrollo y el mantenimiento del sistema reproductor femenino y de las características sexuales secundarias.

estrous cycle (ciclo estral) Tipo de ciclo reproductivo en todas las hembras de mamíferos excepto en los primates superiores, en el cual el endometrio no preñado se reabsorbe en lugar de desprenderse y la respuesta sexual ocurre sólo durante la mitad del ciclo, en el estro.

estuary (estuario) Área en la que un curso de agua dulce o río desemboca en el océano.

ethology (etología) Parte de la biología que estudia el comportamiento animal en condiciones naturales.

ethylene (etileno) La única hormona gaseosa en las plantas. Entre sus variados efectos se encuentran las respuestas a estrés mecánico, muerte celular programada, abscisión de hojas y maduración de frutos.

etiolation (etiolación) Adaptaciones morfológicas de las plantas a la oscuridad.

euchromatin (eucromatina) Forma más abierta, desenrollada, de cromatina eucariótica disponible para la transcripción.

eudicots (eudicotiledóneas) Clado que incluye la vasta mayoría de las plantas con flores que poseen dos hojas seminales embrionarias, o cotiledones.

euglenid (euglénido) Protista, tal como *Euglena* y sus relativos, caracterizado por un bolsillo anterior o cámara del que emergen uno o dos flagelos.

euglenozoan (euglenozoa) Miembro de un clado diverso de flagelados protistas que incluye heterótrofos predadores, autótrofos fotosintéticos y parásitos patógenos.

Eukarya (Eukaria) Dominio que incluye a todos los organismos eucariotas.

eukaryotic cell (célula eucariótica) Tipo de célula con núcleo rodeado por una membrana y organelas con membrana, propia de protistas, hongos, plantas y animales; también denominada eucariote.

eumetazoan (eumetazoarios) Miembro del clado Eumetazoa que incluye a todos los animales con tejidos verdaderos. Incluye a todos los animales excepto las esponjas y algunos otros grupos de eumetazoarios.

euryhaline (eurihalino) Se refiere a los organismos que pueden tolerar cambios sustanciales en la osmolaridad externa.

eurypterid (euriptérido) Carnívoro quelicerado extinguido, también denominado escorpión de agua.

Eustachian tube (trompa de Eustaquio) Tubo que conecta el oído medio con la faringe.

eutherian (euterio) Mamíferos placentarios cuyas crías completan su desarrollo embrionario dentro del útero, unidos a su madre por la placenta.

eutrophic lake (lago eutrófico) Lago que posee una tasa de producción biológica elevada, es rico en nutrientes y pobre en oxígeno.

eutrophication (eutroficación) Proceso por el cual los nutrientes, particularmente el fósforo y el nitrógeno, se vuelven muy concentrados en un cuerpo de agua, lo que conduce a una elevada producción de organismos tales como algas y cianobacterias.

evaporation (evaporación) Pérdida de energía calórica desde la superficie de un líquido provocada por la pérdida de algunas de sus moléculas.

evaporative cooling (enfriamiento evaporativo) Propiedad de un líquido de enfriarse cerca de la superficie durante la evaporación, debido a la pérdida de moléculas con elevada energía cinética que pasan estado gaseoso.

evapotranspiration (evapotranspiración) Evaporación total del agua en un ecosistema, incluida la evaporación del suelo y de la superficie externa de las plantas, más la transpiración del agua interna de las plantas a través de los estomas.

evo-devo (evo-devo) Biología evolutiva del desarrollo; campo de la biología que compara procesos del desarrollo en organismos multicelulares diversos para comprender cómo estos procesos han evolucionado y cómo los cambios pueden modificar características existentes en los organismos o conducir a características nuevas.

evolution (evolución) Descendencia con modificaciones; idea que sugiere que las especies vivientes son descendientes de especies ancestrales diferentes que las que existen en el presente; también se define como el cambio en la composición genética de una población a través de las generaciones.

evolutionary tree (árbol evolutivo) Diagrama con ramificaciones que refleja una hipótesis acerca de las relaciones evolutivas entre grupos de organismos.

Excavata (Excavata) Uno de los cinco súpergrupos de eucariotas propuestos en la hipótesis actual de la historia evolutiva de los eucariotes. Los Excavata tienen características citoesqueléticas únicas, y algunas especies poseen un surco alimentario "excavado" sobre uno de los lados del cuerpo. *Ver también* Chromalveolata, Rhizaria, Archaeplastida y Unikonda.

excitatory postsynaptic potential (EPSP) (potencial postsináptico excitatorio, PPSE) Cambio eléctrico (despolarización) en la membrana de una neurona postsináptica causada por la unión de un neurotransmisor excitatorio de una célula presináptica a un receptor postsináptico; aumenta la probabilidad de que una neurona postsináptica genere un potencial de acción.

excretion (excreción) Eliminación de deshechos que contienen nitrógeno producto del metabolismo.

exergonic reaction (reacción exergónica) Reacción química espontánea en la que existe una liberación neta de energía libre.

exocytosis (exocitosis) Secreción celular de macromoléculas debida a la fusión de vesículas con la membrana plasmática.

exoenzyme (exoenzima) Potente enzima hidrolítica secretada para digerir el alimento.

exon (exón) Secuencia dentro de un transcripto primario que permanece en el ARN luego del procesamiento del ARN; también se refiere a la región del ADN a partir de la cual ese ARN fue transcripto.

exoskeleton (exoesqueleto) Cubierta dura en la superficie de un animal, tal como la concha de un molusco o la cutícula de los artrópodos, que proporciona protección y puntos de inserción para los músculos.

exotoxin (exotoxina) Proteína tóxica secretada por un procariota u otro patógeno y que ocasiona síntomas específicos aún en ausencia del procariota.

expansin (expansina) Enzima vegetal que rompe los enlaces (puentes hidrógeno) entre las microfibrillas de celulosa y otros constituyentes de la pared celular, causando la relajación de la pared celular.

exponential population growth (crecimiento exponencial de una población) Crecimiento de una población tal como ocurriría en un ambiente ideal ilimitado, representado como una curva con forma de "J" cuando el tamaño de una población se grafica a lo largo del tiempo.

expression vector (vector de expresión) Vector de clonación que contiene al promotor procariótico requerido justo delante de un sitio de restricción donde se puede insertar un gen eucariótico, y que permite que el gen se exprese en una célula bacteriana.

external fertilization (fertilización externa) Fusión de gametas que los padres han descargado en el ambiente.

extinction vortex (vórtice de extinción) Descenso en espiral de una población en la cual la retroalimentación positiva de la procreación y la deriva genética causan que una pequeña población disminuya y, a menos que se revierta, causa su extinción.

extracellular digestion (digestión extracelular) Descomposición de moléculas de alimento en compartimentos que son continuos con el exterior del cuerpo de un animal.

extracellular matrix (ECM) (matriz extracelular, MEC) Sustancia en la que se encuentran embebidas las células de los tejidos animales y que consiste en proteínas y polisacáridos sintetizados y secretados por células.

extraembryonic membrane (membrana extraembrionaria) Cada una de las cuatro membranas (saco vitelino, amnios, corion y alantoides) que sostienen el desarrollo embrionario en mamíferos y reptiles.

extreme halophile (halófilo extremo) Organismo que vive en un ambiente con una concentración salina inusualmente, tal como el Gran Lago Salado y el Mar Muerto.

extreme thermophile (termófilo extremo) Organismo que vive en ambientes muy cálidos (generalmente 60°C – 80°C o más).

extremophile (extremófilo) Organismo que vive en un ambiente cuyas condiciones son tan extremas que muy pocas otras especies pueden sobrevivir allí. Los extremófilos incluyen halófilos extremos y termófilos extremos.

F factor (factor F) Factor de fertilidad en bacterias; segmento de ADN que confiere la habilidad de formar un pili de conjugación y otras funciones asociadas con él y requeridas para la transferencia de ADN del donante a un recipiente. Puede existir como plásmido o estar integrado al cromosoma bacteriano.

F plasmid (plásmido F) Forma de plásmido del factor F.

F_1 generation (generación F_1) Primera generación filial, o híbrido, descendencia en una serie de cruzamientos genéticos.

F_2 generation (generación F_2) Descendencia que resulta del entrecruzamiento de la generación híbrida F_1.

facilitated diffusion (difusión facilitada) Pasaje espontáneo de moléculas y iones, unidos a proteínas transportadoras específicas, a través de una membrana biológica a favor de su gradiente de concentración.

facilitator (facilitador) Especie que ejerce un efecto positivo sobre la supervivencia y reproducción de otras especies en una comunidad y que influye sobre la estructura de la comunidad.

facultative anaerobe (anaerobio facultativo) Organismo que fabrica ATP por medio de la respiración aeróbica si el oxígeno está presente, pero que cambia a respiración anaeróbica o fermentación si el oxígeno no está presente.

family (familia) En clasificación, categoría taxonómica por encima de género.

fast block to polyspermy (bloqueo rápido de la polispermia) Despolarización de la membrana del huevo dentro de los 1–3 segundos posteriores a la unión del esperma con la membrana vitelina. La despolarización dura alrededor de un minuto y previene que otro esperma adicional se una con la membrana plasmática del huevo.

fast-twitch fiber (fibra de contracción rápida) Célula muscular usada para contracciones rápidas, poderosas.

fat (grasa) Lípido que consiste en tres ácidos grasos unidos a una molécula de glicerol; también se lo llama triacilglicerol o triglicérido.

fate map (mapa de destino) Diagrama territorial del desarrollo embrionario que revela la posición futura de las células y tejidos de un individuo.

fatty acid (ácido graso) Acido carboxílico de cadena larga. Los ácidos grasos varían en la longitud, en el número y localización de los dobles enlaces; tres ácidos grasos unidos a una molécula de glicerol forman una molécula de grasa, también conocida como triacilglicerol o triglicérido.

feces (heces) Productos de deshecho del tracto digestivo.

feedback inhibition (inhibición por retroalimentación) Método de control metabólico en el que el producto final de una ruta metabólica actúa como inhibidor de una enzima de esa ruta.

fermentation (fermentación) Proceso catabólico que produce una cantidad limitada de ATP a partir de la glucosa sin participación de una cadena transportadora de electrones y que genera productos finales característicos, tales como el alcohol etílico o el ácido láctico.

fertilization (fertilización) (1) Unión de gametas haploides para producir un cigoto diploide. (2) Adición de nutrientes minerales al suelo.

fertilization envelope (cubierta de fertilización) Capa protectora que se forma cuando la capa vitelina de un huevo es empujada hacia afuera de la membrana plasmática y se endurece después de la fertilización con moléculas secretadas durante la reacción cortical.

fetus (feto) Ser humano en desarrollo desde la novena semana de gestación hasta el nacimiento. Posee todas las estructuras principales propias de un adulto.

fiber (fibra) Tipo celular lignificado que refuerza el xilema de las angiospermas y funciona como soporte mecánico. Célula esclerenquimatosa adelgazada que aparece generalmente en manojos.

fibrin (fibrina) Forma activada de fibrinógeno, proteína del coágulo sanguíneo que forma hebras durante la formación del coágulo.

fibroblast (fibroblasto) Tipo de célula del tejido conectivo laxo que segrega los ingredientes proteicos de las fibras extracelulares.

fibronectin (fibronectina) Glicoproteína que ayuda a las células animales a adherirse a la matriz extracelular.

filament (filamento) En angiospermas, tallo del estambre, órgano reproductivo formador de polen en la flor.

filtrate (filtrado) Fluido sin células extraído de la sangre o de la cavidad del cuerpo por el sistema excretor.

filtration (filtración) En los sistemas excretorios, extracción de agua y solutos pequeños, incluidos los deshechos metabólicos, del fluido del cuerpo

fimbria (fimbrio) Apéndice corto, con aspecto de pelo en una célula procariota, que funciona en la adherencia al sustrato o a otras células; también se lo conoce como pelo de adhesión.

first law of thermodynamics (primera ley de la termodinámica) Principio de la conservación de la energía. La energía puede ser transferida y transformada, pero no puede ser creada ni destruida.

fission (fisión) División de un organismo padre en dos o más individuos de aproximadamente la misma medida.

fixed action pattern (FAP) (patrones de acción fijos, MAF) En comportamiento animal, secuencia de actos no aprendidos que en esencia no pueden ser cambiados y que, una vez iniciados, generalmente se llevan a cabo hasta completarlos.

flaccid (fláccido) Que carece de rigidez o firmeza, como en células vegetales. (Una célula con pared es fláccida en ambientes donde no existe tendencia para la entrada del agua.)

flagellum (plural, **flagella**) (flagelo) Apéndice celular largo especializado para la locomoción. El flagelo de procariotas y eucariotas difiere en estructura y función. Al igual que cilias de locomoción, el flagelo de los eucariotas posee una estructura con nueve dobletes externos de microtúbulos y dos microtúbulos simples centrales envueltos por una extensión de la membrana plasmática.

florigen (florígeno) Señal floral, aún no identificada químicamente, que puede ser una hormona o un cambio en las concentraciones relativas de hormonas múltiples.

flower (flor) En las angiospermas, tallo corto con cuatro juegos de hojas modificadas, que contiene las estructuras que participan en la reproducción sexual.

fluid-feeder (fluidófago) Animal que se alimenta de la absorción de fluido ricos en nutrientes de otro organismo vivo.

fluid mosaic model (modelo de mosaico fluido) Modelo aceptado en la actualidad para la estructura de las membranas celulares, que propone a la membrana como un mosaico de moléculas de proteína insertadas individualmente y que se mueven lateralmente en una bicapa fluida de fosfolípidos.

follicle (folículo) Estructura microscópica en el ovario que contiene el óvulo en desarrollo y secreta los estrógenos.

follicle-stimulating hormone (FSH) (hormona folículo-estimulante) Hormona trópica producida y segregada por la pituitaria anterior que estimula la producción de huevos en los ovarios y del esperma en los testículos.

follicular phase (fase folicular) Porción del ciclo ovárico durante el cual varios folículos en el ovario comienzan a crecer.

food chain (cadena alimentaría) Pasaje del alimento desde un nivel trófico a otro comenzando por los productores.

food vacuole (vacuola alimenticia) Saco membranoso formado por fagocitosis de microorganismos o partículas que será utilizada como alimento por la célula.

food web (red alimentaría) Relaciones alimentarias elaboradas que se interconectan en un ecosistema.

foot (pie) (1) Porción del esporofito de un musgo que absorbe los azúcares, aminoácidos, agua y minerales de su progenitor gametofito a través de células de transferencia. (2) Una de las tres partes principales de un molusco; estructura muscular generalmente utilizada para movimiento. *Ver también* **mantle** (manto), masa visceral.

foraging (forrajeo) Búsqueda y obtención de comida.

foram (foraminiferan) (foraminífero) Protista acuático que secreta una cubierta dura que contiene carbonato de calcio y extiende sus pseudopodios a través de los poros de esa cubierta.

foraminiferan (foraminífero) *Ver* **foram.**

forebrain (cerebro anterior) Una de las tres regiones ancestrales y embrionarias del cerebro de los vertebrados. Se desarrolla como tálamo, hipotálamo y cerebro.

fossil (fósil) Resto preservado o impresión de un organismo que ha vivido en el pasado.

founder effect (efecto fundador) Deriva genética que ocurre cuando unos pocos individuos se separan de una población mayor con el resultado de que el *pool* genético de la nueva población no refleja el de la población original.

fovea (fóvea) Centro de foco del ojo y lugar en la retina donde los fotorreceptores están muy concentrados.

fragmentation (fragmentación) Forma de reproducción asexual en la que un progenitor se divide en partes que regeneran a su vez un organismo completo.

frameshift mutation (corrimiento de marco) Mutación que se produce cuando el número de nucleótidos insertados o borrados no es múltiple de tres, lo cual resulta en el agrupamiento incorrecto de los nucleótidos siguientes en los codones.

free energy (energía libre) Porción de energía de un sistema biológico que puede realizar un trabajo cuando la temperatura y la presión permanecen estables a través del sistema. (El cambio en energía libre de un sistema se calcula por medio de la ecuación $\Delta G = \Delta H - T\Delta S$, en la que H es entalpía (en los sistemas biológicos, equivale a la energía total, T es la temperatura absoluta, y S es entropía).

frequency-dependent selection (selección dependiente de frecuencia) Disminución del éxito reproductivo de individuos que poseen un fenotipo que se ha vuelto demasiado común en una población.

fruit (fruto) Ovario maduro de una flor. El fruto protege semillas dormantes y a menudo ayuda a su dispersión.

functional group (grupo funcional) Configuración específica de un grupo de átomos generalmente unidos a un esqueleto de carbonos de moléculas orgánicas y usualmente involucrados en las reacciones químicas.

Fungi (Fungi) Reino eucariota que incluye a los organismos que absorben nutrientes después de haber descompuesto el material orgánico.

G_0 phase (fase G_0) Estadío de no-división de una célula que acaba de finalizar el ciclo celular.

G_1 phase (fase G_1) Primera fase del crecimiento en el ciclo celular que comprende una porción de la interfase antes de que comience la síntesis de ADN.

G_2 phase (fase G_2) Segunda fase de crecimiento en el ciclo celular que abarca la etapa de la interfase posterior a la síntesis de ADN.

gallbladder (vesícula biliar) Órgano que acumula bilis y la descarga al intestino delgado cuando se la necesita.

game theory (teoría del juego) Enfoque que evalúa estrategias alternativas en situaciones en las que el resultado depende no sólo de la estrategia de cada individuo sino también de las estrategias de otros individuos.

gametangium (plural, **gametangia**) (gametangio) Estructuras vegetales pluricelulares en las que se forman las gametas. El gametangio femenino se denomina arquegonio y el masculino, anteridio.

gamete (gameta) Célula haploide tal como el huevo o el esperma. Las gametas se unen en la reproducción sexual para formar un cigoto diploide.

gametogenesis (gametogénesis) Proceso por el cual las gametas son producidas en el cuerpo de un mamífero.

gametophore (gametóforo) Estructura madura en el gametofito que produce gametas y constituye el cuerpo de un musgo.

gametophyte (gametofito) En organismos (plantas y algunas algas) con alternancia de generaciones, estructura multicelular haploide que produce mitóticamente gametas haploides. Las gametas haploides se unen y desarrollan como esporofitos.

gamma aminobutyric acid (GABA) (ácido gama aminobutírico) Aminoácido que funciona como neurotransmisor en el sistema nervioso central (SNC).

ganglion (plural, **ganglia**) (ganglio) Conjunto (grupo funcional) de cuerpos de células nerviosas en un sistema nervioso centralizado.

ganglion cell (célula ganglionar) Tipo de neurona en la retina que hace sinapsis con células bipolares y transmite potenciales de acción hacia el cerebro a través de los axones en el nervio óptico.

gap junction (unión estrecha) Tipo de unión intercelular en células animales que posibilita el pasaje de material o de corriente eléctrica entre las células.

gas exchange (intercambio gaseoso) Absorción de oxígeno molecular del ambiente y liberación de dióxido de carbono hacia el ambiente.

gastric juice (jugo gástrico) Fluido digestivo segregado por el estómago.

gastrovascular cavity (cavidad gastrovascular) Bolsa amplia en la que se lleva a cabo la digestión extracelular y que sirve como pasillo para dispersar materiales a través de la mayoría de los cuerpos de animales.

gastrula (gástrula) Estadío embrionario en el desarrollo de un animal que comprende la formación de tres capas: ectodermo, mesodermo y endodermo.

gastrulation (gastrulación) En el desarrollo de un animal, serie de movimientos de células y tejidos en el cual el estadio de blástula de un embrión se pliega hacia adentro, y produce un embrión de tres capas, la gastrula.

gated channel (canal iónico) Proteína de canal en una membrana celular que se abre o se cierra en respuesta a un estímulo determinado.

gated ion channel (canal iónico específico) Canal gatillado para un ión específico. Cuando los canales iónicos se abren o cierran, el potencial de membrana de la célula se altera.

gel electrophoresis (electroforesis en gel) Técnica de separación de ácidos nucleicos o proteínas en base a su tamaño y carga eléctrica por medio de la medición de la velocidad de su movimiento en un gel sometido a un campo eléctrico.

gene (gen) Unidad de información hereditaria que consiste en una secuencia específica de nucleótidos en el ADN (o en el ARN en algunos virus).

gene cloning [em] (clonado de un gen) Producción de copias múltiples de un gen.

gene expression (expression genética) Proceso por el cual el ADN dirige la síntesis de proteínas o, en algunos casos, de ARNs.

gene flow (flujo génico) Transferencia de alelos de una población a otra, y que resulta del movimiento de individuos fértiles o de sus gametas.

gene pool (*pool* genético) Conjunto total de todos los alelos de todos los loci de todos los individuos de una población. El término *pool* genético también se usa en un sentido más restringido como el agregado de alelos para un único locus o unos pocos loci en una población.

gene therapy (terapia génica) Alteración de los genes de una persona afectada por una enfermedad genética.

gene-for-gene recognition (reconocimiento gen-por-gen) Forma común de resistencia a enfermedades en plantas que involucra el reconocimiento de moléculas derivadas del patógeno por medio de productos proteicos de genes de resistencia específicos de las plantas.

genetic drift (deriva genética) Proceso en el cual eventos aleatorios causan cambios impredecibles en la frecuencia de alelos de una generación a la siguiente. Los efectos de la deriva genética son más pronunciados en poblaciones pequeñas.

genetic engineering (ingeniería genética) Manipulación directa de genes con fines prácticos.

genetic profile (perfil genético) Conjunto de marcadores genéticos característicos de un individuo, detectados actualmente con PCR, o anteriormente con electroforesis y marcadores de ácidos nucleicos.

genetic recombination (recombinación genética) Término general que se aplica a la producción de descendencia que presenta combinaciones de rasgos que difieren de aquellos encontrados en ambos progenitores.

genetically modified (GM) organism (organismo genéticamente modificado, GM) Organismo que ha adquirido uno o más genes por medios artificiales. También se lo conoce como organismo transgénico.

genetics (genética) Estudio científico de la herencia y de la variabilidad hereditaria.

genome (genoma) Material genético de un organismo o un virus; complemento completo de todos los genes de un organismo o un virus junto con sus secuencias no codificantes de ácidos nucleicos.

genomic imprinting (impronta genómica) Fenómeno en el cual la expresión de un alelo en la descendencia depende de si el alelo se hereda del padre o de la madre.

genomic library (biblioteca genómica) Conjunto de clones celulares que contienen todos los segmentos de ADN de un genoma, cada uno de los cuales es transportado por un plásmido, fago u otro vector de clonación.

genomics (genomia) Estudio de todos los genes y sus interacciones.

genotype (genotipo) Composición genética, o conjunto de alelos, de un organismo.

genus (plural, **genera)** (género) Categoría taxonómica por encima del nivel de especie, designada por la primera palabra del nombre binomial científico de la especie.

geographic variation (variación geográfica) Diferencia entre *pools* genéticos de poblaciones separadas o de subgrupos de poblaciones.

geologic record (registro geológico) División de la historia de la Tierra en periodos, agrupados en tres Eras: Arcaica, Proterozoica y Fanerozoica, a su vez subdivididas en eras, periodos, y épocas.

geometric isomer (isómero geométrico) Cada uno de los compuestos orgánicos que poseen la misma fórmula molecular y enlaces covalentes, pero que difieren en la disposición espacial de sus átomos como consecuencia de la inflexibilidad de los doble enlaces.

germ layers (capas germinales) Cada una de las tres capas principales en una gástrula que dan origen a los diversos tejidos y órganos en el cuerpo de un animal.

gestation (gestación) Embarazo. Estado en el que la madre transporta al niño en estado de desarrollo en el interior del tracto reproductor femenino.

gibberellin (giberelina) Clase de hormona vegetal que estimula el crecimiento en tallo y hojas, desencadena la germinación de las semillas y el despertar de las gemas en dormancia y, juntamente con las auxinas, estimula el desarrollo del fruto.

glans (glans) Estructura redondeada en la punta del clítoris y pene involucrada en la excitación sexual.

glia (glía) Células de soporte esenciales para la integridad estructural del sistema nervioso y el funcionamiento normal de las neuronas.

glial cells (células de la glía) Células de soporte del sistema nervioso central que ayudan a las neuronas en su funcionamiento normal.

global ecology (ecología global) Estudio del funcionamiento y distribución de los organismos a lo largo de la biosfera y de cómo éstos son afectados por el intercambio regional de energía y materiales.

glomeromycete (glomeromicete) Miembro del filo de hongos Glomeromycota, caracterizado por la formación de una forma distintiva de endomicorriza ramificada (relación simbiótica con las raíces de plantas) denominada micorriza arbuscular.

glomerulus (glomérulo) Bola de capilares en el nefrón rodeada por la cápsula de Bowman y que funciona como sitio de filtrado en el riñón de los vertebrados.

glucagon (glucagon) Hormona secretada por las células pancreáticas alfa que eleva los niveles de glucosa de la sangre. Promueve la ruptura del glucógeno y la liberación de glucosa del hígado.

glucocorticoid (glucocorticoide) Hormona esteroidea segregada por la corteza adrenal que influye sobre el metabolismo de la glucosa y la función inmune.

glutamate (glutamato) Aminoácido que funciona como neurotransmisor en el SNC.

glyceraldehyde-3-phosphate (G3P) (gliceraldehído-3-fosfato) Carbohidrato de tres carbonos producido directamente a partir del ciclo de Calvin; es también un producto intermedio en la glicólisis.

glycogen (glucógeno) Polisacárido de glucosa de almacenamiento, altamente ramificado, que se encuentra en el hígado y músculos de los animales. Es el equivalente en animales al almidón.

glycolipid (glucolípido) Lípido unido covalentemente a un carbohidrato.

glycolysis (glicólisis) Degradación de la glucosa en piruvato. La glicólisis es una de las rutas metabólicas presentes en todas las células vivas y funciona como punto de partida de la fermentación o la respiración aeróbica.

glycoprotein (glicoproteína) Proteína unida covalentemente a uno o más carbohidratos.

glycosidic linkage (unión glicosídica) Enlace covalente que se forma entre dos monosacáridos por medio de una reacción de deshidratación.

gnathostome (gnatostomado) Subgrupo de vertebrados con mandíbulas.

golden alga (alga dorada) Protista fotosintético biflagelado, que recibe su nombre por su color, que resulta de la presencia de pigmentos carotenoides amarillos y castaños.

Golgi apparatus (aparato de Golgi) Organela de células eucariotas formada por sacos membranosos aplanados que modifican, acumulan y conducen diversos productos del retículo endoplasmático y en donde se sintetizan algunos productos, especialmente carbohidratos no celulósicos.

gonads (gónadas) Órganos sexuales masculinos y femeninos; órganos productores de gametas en la mayoría de los animales.

G protein (proteína G) Proteína ligadora de GTP que propaga señales desde un receptor en la membrana plasmática, conocido como receptor acoplado a proteína G, hasta otras proteínas de transducción de señales presentes dentro de la célula.

G-protein coupled receptor (receptor acoplado a proteína G) Proteína receptora de señales químicas en la membrana plasmática que responde a la unión de la molécula señal activando una proteína G. También se lo conoce como receptor ligado a proteína G.

grade (grado) Grupo de organismos que comparten el mismo nivel de complejidad organizacional y una adaptación similar.

graded potential (potencial graduado) Cambio en el voltaje local de la membrana de una neurona inducido por la estimulación de dicha neurona, con una fuerza proporcional a la fuerza del estímulo y que dura aproximadamente un milisegundo.

Gram stain (tinción de Gram) Método de tinción que diferencia entre dos tipos distintos de paredes celulares bacterianas.

gram-negative (gram negativo) Describe al grupo de bacterias con una pared celular estructuralmente más compleja, compuesta por una cantidad menor de peptidoglicanos que la pared celular de las bacterias gram positivas. Las bacterias gram negativas son generalmente más tóxicas que las bacterias gram positivas.

gram-positive (gram positivo) Describe al grupo de bacterias con una pared celular estructuralmente menos compleja, compuesta por una cantidad relativa mayor de peptidoglicanos que la pared celular de bacterias gram negativas. Las bacterias gram positivas son generalmente menos tóxicas que las bacterias gram negativas.

granum (plural, **grana**) (granum, plural grana) Porción apilada de membranas tilacoideas en los cloroplastos. Los grana participan en las reacciones lumínicas de la fotosíntesis.

gravitropism (gravitropismo) Respuesta de una planta o animal a la gravedad.

gray crescent (medialuna gris) Región gris clara del citoplasma con forma de medialuna que resulta expuesta después de la reacción cortical; está localizada cerca del ecuador del huevo, sobre el lado opuesto al lugar de entrada del espermatozoide, y demarca el futuro lado dorsal del embrión.

gray matter (materia gris) Regiones de dendritas y conjuntos de cuerpos de células nerviosas dentro del SNC.

green alga (alga verde) Protista fotosintético, que recibe su nombre por la presencia de cloroplastos de color verde similares en estructura y composición pigmentaria a aquellos presentes en las plantas terrestres. Las algas verdes son un grupo parafilético, algunos de cuyos miembros están relacionados más estrechamente con las plantas terrestres que lo que lo están con otras algas verdes.

green world hypothesis (hipótesis mundo verde) Conjetura que sostiene que los herbívoros terrestres consumen relativamente poca biomasa vegetal porque están limitados por una variedad de factores, tales como predadores, parásitos y enfermedades.

greenhouse effect (efecto invernadero) Calentamiento del planeta Tierra debido a la acumulación de dióxido de carbono y ciertos otros gases en la atmósfera, el cual absorbe la radiación infrarroja reflejada y la redirige hacia el planeta.

gross primary production (producción primaria bruta) Producción primaria total de un ecosistema.

ground tissue system (sistema de tejido fundamental) Tejidos vegetales que no son ni vasculares ni dérmicos y que desarrollan una variedad de funciones, tales como almacenamiento, fotosíntesis y soporte.

growth factor (factor de crecimiento) (1) Proteína que debe estar presente en el ambiente extracelular (medio de cultivo o cuerpo animal) para el crecimiento y desarrollo normal de ciertos tipos de células. (2) Regulador local que actúa sobre células de la proximidad para estimular la proliferación y diferenciación celular.

growth hormone (hormona del crecimiento) Hormona producida y secretada por la pituitaria anterior que tiene tanto efectos directos (no trópicos) como trópicos sobre una amplia variedad de tejidos.

guard cells (células guardianas) Par de células que flanquean el poro estomático y regulan la apertura y cierre del poro.

gustation (gustación) Sentido del gusto.

guttation (gutación) Exudación de gotas de agua causada por la presión de las raíces en ciertas plantas.

gymnosperm (gimnosperma) Planta vascular con semillas descubiertas que no están incluidas en cámaras especializadas.

habituation (habituación) Tipo de aprendizaje muy simple que involucra la pérdida de respuesta a aquel estímulo que conlleva poca o ninguna información.

half-life (vida media) Cantidad de años que le toma a una muestra de isótopo para decaer al 50%.

Hamilton's rule (regla de Hamilton) Principio que establece que para que la selección natural favorezca un acto altruista, el beneficio al recipiente, dividido por el coeficiente de relatividad, debe exceder el costo al altruista.

haploid cell (célula haploide) Célula que posee un único conjunto de cromosomas (n).

Hardy-Weinberg equilibrium (equilibrio de Hardy-Weinberg) Condición que describe una población que no evoluciona (aquella que se encuentra en estado de equilibrio genético).

Hardy-Weinberg principle (principio de Hardy-Weinberg) Principio que establece que las frecuencias de alelos y genotipos de una población permanecen constantes de generación en generación debido a que sólo la segregación Mendeliana y recombinación de alelos están en funcionamiento.

haustorium (plural, **haustoria**) (haustorio) En ciertos hongos simbióticos, extremo de una hifa especializada que puede penetrar en los tejidos del organismo hospedador.

heart (corazón) Bomba muscular que utiliza energía metabólica para elevar la presión hidrostática de la sangre. La sangre fluye entonces a favor de un gradiente de presión a lo largo de los vasos sanguíneos que eventualmente la retornan al corazón.

heart attack (ataque cardíaco) Muerte del tejido muscular cardíaco como resultado del bloqueo prolongado de una o más arterias coronarias.

heart murmur (soplo cardíaco) Sonido de soplido que se produce cuando la sangre se cuela a través de una válvula permeable en el corazón.

heart rate (ritmo cardíaco) Ritmo de las contracciones del corazón.

heat (calor) Cantidad total de energía cinética debida al movimiento de las moléculas en un cuerpo de materia. El calor es energía en su forma más aleatoria.

heat of vaporization (calor de vaporización) Cantidad de calor que un líquido debe absorber por gramo para pasar del estado líquido al gaseoso.

heat-shock protein (proteína de golpe de calor) Proteína que ayuda a proteger otras proteínas durante el estrés térmico. Se las encuentra en plantas, animales y microorganismos.

heavy chain (cadena pesada) Uno de los dos tipos de cadenas polipeptídicas que forman la estructura de un anticuerpo y el receptor de célula B. Consiste en una región variable, la cual contribuye al sitio de unión de antígeno y una región constante.

helicase (helicasa) Enzima que desespiraliza la doble hebra de ADN a la altura del sitio de replicación, separando las dos hebras y haciéndolas disponibles como hebras de templete.

helper T cell (célula ayudante T, o *helper*) Tipo de célula T que, cuando es activada, secreta citoquinas que promueven la respuesta de las células B (respuesta humoral) y de las células T citotóxicas (respuesta mediada por célula) a los antígenos.

hemoglobin (hemoglobina) Proteína de los glóbulos rojos sanguíneos que contiene hierro, el cual liga oxígeno reversiblemente.

hemolymph (hemolinfa) En los invertebrados con un sistema circulatorio abierto, fluido del cuerpo que baña los órganos.

hemophilia (hemofilia) Enfermedad genética humana causada por un alelo recesivo ligado al sexo, caracterizada por hemorragias excesivas después de que se produce una herida.

hepatic portal vein (vena porta hepática) Canal circulatorio de gran tamaño que transporta la sangre cargada de nutrientes desde el intestino delgado hasta el hígado, el cual regula el contenido de nutrientes de la misma.

herbivore (herbívoro) Animal heterótrofo que se alimenta de plantas.

herbivory (herbivoria) Interacción en la cual un herbívoro come parte de una planta o alga.

heredity (herencia) Transmisión de caracteres de una generación a la siguiente.

hermaphrodite (hermafrodita) Individuo que funciona tanto como macho que como hembra durante la reproducción sexual y produce espermatozoides y óvulos.

hermaphroditism (hermafroditismo) Condición por la cual un individuo posee gónadas tanto femeninas como masculinas y funciona tanto como macho como hembra durante la reproducción sexual, produciendo espermatozoides y óvulos.

heterochromatin (heterocromatina) Cromatina eucariota que no se transcribe; está tan densamente compactada que es visible con un microscopio óptico durante la interfase.

heterochrony (heterocronia) Cambio evolutivo en el tiempo o ritmo del desarrollo de un individuo.

heterocyte (heterocito) Célula especializada que participa en la fijación del nitrógeno en ciertas cianobacterias filamentosas; anteriormente se lo llamaba heterocisto.

heterokaryon (heterocarion) Micelio fúngico que contiene dos o más núcleos haploides por célula.

heteromorphic (heteromórfico) Se refiere a una cierta condición en el ciclo de vida de las plantas modernas y ciertas algas en la cual las generaciones del esporofito y el gametofito difieren en morfología.

heterosporous (heterospórico) Se refiere a las especies vegetales que poseen dos tipos de esporas: microsporas que se desarrollan en gametofitos masculinos y megasporas que se desarrollan en gametofitos femeninos.

heterotroph (heterótrofo) Organismo que obtiene las moléculas orgánicas de alimento por medio de la ingestión de otros organismos o de sustancias derivadas de ellos.

heterozygote advantage (ventaja heterocigótica) Éxito reproductivo superior que poseen los individuos heterocigotas en comparación a los homocigotas. Tiende a preservar la variación en los *pools* genéticos.

heterozygous (heterocigota) Que posee dos alelos diferentes para un carácter genético determinado.

hexopod (hexópodo) Insecto o artrópodo sin alas y con seis patas.

hibernation (hibernación) Estado fisiológico durante el cual el metabolismo disminuye, los sistemas cardíaco y respiratorio disminuyen, y la temperatura corporal se mantiene por debajo del valor normal.

high-density lipoprotein (HDL) (lipoproteína de alta densidad, LAD) Partícula en la sangre compuesta por colesterol y otros lípidos, rodeada por una monocapa de fosfolípidos en la que están embebidas las proteínas. La partícula de LAD transporta menos colesterol que la lipoproteína emparentada, LBD (en inglés, *LDL*) y parece correlacionarse con un riesgo menor de bloqueo de los vasos sanguíneos.

hindbrain (cerebro posterior) Una de las tres regiones ancestrales embrionarias del cerebro de los vertebrados. Se desarrolla como la médula oblonga, *pons* (puente) y cerebelo.

histamine (histamina) Sustancia liberada por células mastocitos que causa la dilatación de los vasos sanguíneos los cuales se vuelven más permeables durante una inflamación.

histone (histona) Proteína pequeña con una gran proporción de aminoácidos cargados positivamente que se une al ADN cargado negativamente y desempeña un papel preponderante en la estructura de la cromatina.

histone acetylation (acetilación de histona) Unión de grupos acetilo a ciertos aminoácidos de proteínas de histonas.

HIV (human immunodeficiency virus) (virus de inmunodeficiencia humana, VIH) Agente infeccioso que causa el SIDA; el VIH es un retrovirus ARN.

holdfast (sostenedor) Estructura con aspecto de raíz que sujeta a un alga marina.

holoblastic cleavage (clivaje holoblástico) Tipo de clivaje en el que existe una división total del huevo, tal como ocurre con los huevos que contienen poco vitelo (erizo de mar) o una cantidad moderada del mismo (rana).

homeobox (homeocaja) Segmento de 180 nucleótidos dentro de genes homeóticos y otros genes del desarrollo muy conservado en animales. Secuencias similares se encuentran en las plantas y levaduras.

homeostasis (homeostasis) Condición fisiológica estacionaria del organismo.

homeotic gene (gen homeótico) Gen orquestrante que controla la localización y organización espacial de las partes del cuerpo de animales, plantas y hongos, a través del control del destino de los diversos grupos de células durante el desarrollo.

hominid (homínido) Especie en la rama del árbol evolutivo de los humanos. Los homínidos incluyen al *Homo sapiens* y a nuestros antecesores, grupo extinto de especies que están relacionadas más cercanamente a nosotros que a los chimpancés.

homologous chromosomes (cromosomas homólogos) Pares de cromosomas de igual longitud, posición del centrómero y patrón de tinción que contienen genes para las mismas características en *loci* equivalentes. Uno de los homólogos se hereda del padre y el otro, de la madre. También se los llama homólogos, o par de homólogos.

homologous structures (estructuras homólogas) Estructuras presentes en diferentes especies, pero que se ven similares debido a que poseen un antecesor común.

homology (homología) Similitud en características que resulta de poseer un antecesor común.

homoplasy (homoplasia) Estructura similar (análoga) o secuencia molecular que ha evolucionado independientemente en dos especies.

homosporous (homospórico) Término referido a la especie de plantas que tiene un tipo individual de esporas y que típicamente se desarrolla en un gametofito bisexual.

homozygou (homocigota) Que posee dos alelos idénticos para un carácter determinado.

horizontal cell (célula horizontal) Neurona de la retina que ayuda a integrar información antes de ser enviada al cerebro.

horizontal gene transfer (transferencia horizontal de genes) Transferencia de genes de un genoma a otro a través de mecanismos tales como elementos transposables, intercambio de plásmidos, actividad viral y tal vez fusión de diferentes organismos.

hormone (hormona) Cada una de las numerosas señales químicas circulantes en todos los organismos multicelulares, producidas en células especializadas; viajan a través de los fluidos del cuerpo y actúan en células específicas para modificar sus funciones.

hornwort (antocero) Pequeña planta herbácea no vascular que pertenece al filo Anthocerophyta.

host (huésped) Participante de mayor tamaño en una relación simbiótica que funciona como hogar y provee alimento al simbionte.

host range (rango de huésped) Rango limitado de células huésped que cada tipo de virus puede infectar y parasitar.

human chorionic gonadotropin (HCG) (gonadotrofina coriónica humana, GCH) Hormona segregada por el corion que mantiene al cuerpo lúteo del ovario durante los primeros tres meses del embarazo.

Human Genome Project (Proyecto Genoma Humano) Esfuerzo interdisciplinario internacional para mapear y secuenciar el ADN de todo el genoma humano.

humoral inmune response (respuesta de inmunidad humoral) Tipo de inmunidad adquirida que involucra la activación de células B y que conduce a la producción de anticuerpos, los cuales defienden contra bacterias y virus en los fluidos corporales.

humus (humus) Materia orgánica en descomposición que se encuentra en la capa más superficial del suelo.

Huntington's disease (enfermedad de Huntington) Enfermedad genética humana causada por un alelo dominante. Se caracteriza por movimientos del cuerpo incontrolables y degeneración del sistema nervioso. Generalmente es letal a los 10–20 años del establecimiento de los síntomas.

hybrid (híbrido) Descendencia que resulta del acoplamiento de individuos de especies diferentes.

hybrid zone (zona híbrida) Región geográfica en la que los miembros de especies diferentes se encuentran y acoplan, produciendo al menos parte de la descendencia con ancestros mezclados.

hybridization (hibridización) En genética, apareamiento o cruza de dos variedades puras.

hydration shell (esfera de hidratación) Esfera de moléculas de agua que rodea a cada ión disuelto.

hydrocarbon (hidrocarburo) Molécula orgánica que consiste solamente en carbono e hidrógeno.

hydrogen bond (puente de hidrógeno) Tipo de enlace químico débil que se forma cuando el hidrógeno de un enlace polar covalente de una molécula, con una densidad de carga positiva, es atraído por el átomo del enlace covalente polar de otra molécula que posee densidad de carga negativa.

hydrogen ion (ión hidrógeno) Protón único con una carga 1+. La disociación de una molécula de agua (H_2O) conduce a la generación de un ión hidróxido (OH^-) y un ión hidrógeno (H^+).

hydrolysis (hidrólisis) Proceso químico que rompe o separa moléculas por medio de la adición de agua, particpando en el desensamblaje de polímeros en monómeros.

hydrophilic (hidrofílico) Que tiene afinidad por el agua.

hydronium ion (ión hidrónium) Molécula de agua que posee un protón extra unido a ella; H_3O+.

hydrophobic (hidrofóbico) Que tiene aversión por el agua. Tiende a unirse y a formar gotas dentro del agua.

hydrophobic interaction (interacción hidrofóbica) Tipo de enlace químico débil formado cuando las moléculas que no se mezclan con el agua se juntan para excluir el agua.

hydroponic culture (cultivo hidropónico) Método por el cual se cultivan plantas sin suelo por medio de soluciones minerales.

hydrostatic skeleton (esqueleto hidrostático) Sistema esquelético compuesto por un fluido que es mantenido bajo presión dentro de un compartimiento cerrado del cuerpo. Es el esqueleto principal en la mayoría de los cnidarios, gusanos planos, nematodes y anélidos.

hydroxide ion (ión hidróxido) Molécula de agua que ha perdido un protón; OH^-.

hydroxyl group (grupo hidroxilo) Grupo funcional que consiste en un átomo de hidrógeno unido a un átomo de oxígeno por un enlace covalente polar. Las moléculas que poseen este grupo son solubles en agua y se denominan alcoholes.

hymen (himen) Membrana delgada que cubre parcialmente la abertura de la vagina de la mujer. Se rompe durante el coito o alguna actividad vigorosa.

hyperpolarization (hiperpolarización) Estado eléctrico en el que el interior de una célula se vuelve más negativo con respecto del exterior que en el valor del potencial en el reposo. La hiperpolarización reduce la probabilidad de que una neurona transmita un impulso nervioso.

hypersensitive response (HR) (respuesta hipersensitiva, RH) Respuesta de defensa localizada de una planta a un patógeno; involucra la muerte de células alrededor del sitio de infección.

hypertension (hipertensión) Desorden en el que la presión sanguínea se mantiene anormalmente elevada.

hypertonic (hipertónico) Cuando se comparan dos soluciones, hipertónico se refiere a la de mayor concentración de soluto. Cuando ésta rodea a una célula, causa que la célula pierda agua.

hypha (plural, **hyphae**) (hifa) Uno de muchos filamentos interconectados que, en conjunto, constituyen el micelio de un hongo.

hypocotyl (hipocótilo) En el embrión de una angiosperma, eje embrionario por debajo del punto de inserción de los cotiledones y por encima de la radícula.

hypothalamus (hipotálamo) Parte ventral del cerebro anterior de los vertebrados; participa en el mantenimiento de la homeostasis, especialmente coordinando los sistemas endócrino y nervioso. Segrega las hormonas de la pituitaria posterior y factores de liberación que regulan la pituitaria anterior.

hypothesis (hipótesis) Respuesta tentativa a una pregunta específica, de alcance más restringido que una teoría, y que es sujeto a una prueba.

hypotonic (hipotónico) Cuando se comparan dos soluciones, hipotónico se refiere a la de menor concentración de soluto. Cuando rodea a una célula, causa que la célula incorpore agua.

imbibition (imbibición) Absorción física de agua sobre la superficie interna de las estructuras.

immigration (inmigración) Influjo de nuevos individuos provenientes de otras áreas dentro de una población.

immune system (sistema inmune) Sistema de defensas contra agentes patógenos en el cuerpo de un animal.

immunization (inmunización) Proceso por el cual, por medios artificiales, se genera un estado de inmunidad. En la inmunización activa, se suministra una versión no patógena de un microbio normalmente patógeno, lo cual induce respuestas en las células B y T y de la memoria inmunológica. También se la llama vacunación. En la inmunización pasiva, se suministran anticuerpos específicos para un microbio en particular, lo cual confiere protección inmediata pero temporaria.

immunodeficiency (inmunodeficiencia) Desorden en el cual la habilidad de un sistema inmune para proteger contra los patógenos es deficiente o ausente.

immunoglobulin (Ig) (inmunoglobulina, Ig) Una de las clases de proteínas que funcionan como anticuerpos. Las inmunoglobulinas están divididas en cinco clases principales que difieren en su distribución en el cuerpo y en las actividades de desalojo del antígeno.

imprinting (impronta) En comportamiento animal, formación durante una etapa específica de la vida de una respuesta de conducta hacia un individuo u objeto específico. (*Ver también* **genomic imprinting** impronta genómica)

***in situ* hybridization** (hibridización *in situ*) Técnica utilizada para detectar la localización de un ARNm específico mediante la hibridización con un ácido nucleico señalizado en un organismo intacto.

***in vitro* fertilization** (fertilización *in vitro*) Fertilización de un óvulo en recipientes de laboratorio seguida de la implantación artificial del embrión recién formado en el útero materno.

***in vitro* mutagenesis** (mutagénesis *in vitro*) Técnica utilizada para descubrir la función de un gen por medio de su clonado, introduciendo cambios específicos dentro de la secuencia del gen clonado, reinserción del gen mutado dentro de una célula, y estudio del fenotipo del mutante.

inclusive fitness (ajuste inclusivo) Efecto total que posee un individuo sobre la proliferación de sus genes, produciendo su propia descendencia y proveyendo ayuda que permite que otros parientes cercanos incrementen la producción de su propia descendencia.

incomplete dominance (dominancia incompleta) Situación en la cual el fenotipo de los heterocigotas es intermedio entre los fenotipos de los individuos homocigotas para cada alelo.

incomplete flower (flor incompleta) Flor en la cual uno o más de los cuatro órganos florales básicos (sépalos, pétalos, estambres o carpelos) están ausentes o no son funcionales.

incomplete metamorphosis (metamorfosis incompleta) Tipo de desarrollo en ciertos insectos, tal como el grillo, en el que las crías (denominados ninfas) se parecen al adulto, pero son menores y poseen diferentes proporciones corporales. La ninfa pasa por una serie de mudas, pareciéndose cada vez más al adulto hasta que alcanza el tamaño definitivo.

incus (incus) El segundo de los tres huesosillos del oído medio.

indeterminate cleavage (clivaje indeterminado) Tipo de desarrollo embrionario en deuterostomados en el cual cada una de las células producidas en el clivaje temprano retiene la capacidad de desarrollarse como embrión completo.

indeterminate growth (crecimiento indeterminado) Tipo de crecimiento característico de las plantas, según el cual el organismo continúa creciendo mientras vive.

induced fit (ajuste inducido) Cambio que experimenta la forma del sitio activo de una enzima de manera tal que se liga más estrechamente al sustrato y que es inducido por la misma aproximación del sustrato.

inducer (inductor) Molécula pequeña específica que inactiva al represor en un operón bacteriano y cambia su forma de modo que no puede unirse a un operador, activando así a un operón.

induction (inducción) Proceso por el cual un grupo de células embrionarias influencia el desarrollo de otro grupo de células, generalmente induciendo cambios en la expresión de genes.

inductive reasoning (razonamiento inductivo) Tipo de lógica en la cual las generalizaciones se basan en un número grande de observaciones específicas.

infant mortality (mortalidad infantil) Número de muertes de infantes por cada 1.000 nacimientos vivos.

inflammatory response (respuesta inflamatoria) Defensa inmune innata localizada, disparada por una lesión física o la infección del tejido en la cual los cambios provocados a vasos capilares cercanos aumentan la infiltración de glóbulos blancos sanguíneos, proteínas antimicrobianas y elementos de coagulación que ayudan a la reparación del tejido y la destrucción de los invasores patógenos. También puede involucrar efectos sistémicos tales como fiebre y producción incrementada de glóbulos blancos sanguíneos.

inflorescence (inflorescencia) Grupo de flores agrupadas en un mismo eje.

ingestion (ingestión) Modo de nutrición heterótrofo en la cual un organismo o detrito es ingerido en forma entera o por pedazos.

ingroup (subgrupo) En el estudio cladístico de las relaciones evolutivas entre taxa de organismos, grupo de taxa que está siendo actualmente analizado.

inhibin (inhibina) Hormona producida en las gónadas masculinas y femeninas que funciona en parte regulando la función de la pituitaria anterior por medio de retroalimentación negativa.

inhibitory postsynaptic potential (IPSP) (potencial postsináptico inhibitorio, PPSI) Carga eléctrica (hiperpolarización) en la membrana de una neurona postsináptica causada por la unión de un neurotransmisor inhibitorio proveniente de una célula presináptica a un receptor postsináptico. Hace más difícil la generación de un potencial de acción en la neurona postsináptica.

innate behavior (comportamiento innato) Forma de comportamiento animal que es fijado durante el desarrollo y se encuentra bajo estricto control genético. El comportamiento innato se exhibe virtualmente bajo la misma forma en todos los individuos de una población a pesar de diferencias ambientales internas y externas durante el desarrollo y a lo largo de sus vidas.

innate immunity (inmunidad innata) Tipo de defensa común a todos los animales, que se activa inmediatamente ante la exposición a patógenos y que es la misma independientemente de si ha habido interacción previa con el patógeno o no.

inner cell mass (masa celular interna) Conjunto de células en un extremo del blastocito de los mamíferos que subsecuentemente se desarrolla dando origen a las membranas embrionarias y algunas de las membranas extraembrionarias.

inner ear (oído interno) Una de las tres regiones principales del oído de los vertebrados. Incluye la cóclea (que contiene el órgano de Corti) y los canales semicirculares.

inositol trisphosphate (IP_3) (inositol trifosfato, IP_3) Segundo mensajero que funciona como intermediario entre ciertas hormonas no esteroidaeas y un tercer mensajero, la elevación de la concentración de Ca^{2+} citoplasmático.

inquiry (inquisición) Búsqueda de información y explicación, a menudo centrada en preguntas específicas.

insertion (inserción) Mutación que involucra la adición de uno o más pares de nucleótidos en un gen.

insulin (insulina) Hormona secretada por las células pancreáticas beta que disminuye los niveles de glucosa en la sangre. Promueve la captación de glucosa por la mayoría de las células del cuerpo, y la síntesis y almacenaje de glucógeno en el hígado. También estimula la síntesis de proteínas y grasas.

integral protein (proteína integral) Típicamente, proteína de transmembrana con regiones hidrofóbicas que se extienden dentro y a menudo atraviesan completamente el interior hidrofóbico de la membrana, y con regiones hidrofílicas en contacto con la solución acuosa a cada lado de la membrana (o tapizando el interior del canal en el caso de una proteína de canal).

integrin (integrina) En células animales, proteína receptora de transmembrana que interconecta la matriz extracelular y el citoesqueleto.

integument (integumento) Capa de tejido esporófito que contribuye a la estructura del óvulo de una planta con semilla.

integumentary system (sistema integumentario) Cubierta externa del cuerpo de un mamífero que incluye la piel, el pelo y las uñas.

intercalated disc (disco intercalado) Unión especializada entre células musculares cardíacas que proporcionan un acoplamiento eléctrico directo entre células.

interferon (interferón) Proteína con funciones antivirales o reguladoras de la inmunidad. El interferón-alfa y el interferón-beta, secretados por células infectadas por virus, ayudan a las células vecinas a resistir una infección viral. El interferón-g, secretado por las células T, ayuda a activar a los macrófagos.

intermediate disturbance hypothesis (hipótesis de disturbio intermedio) Concepto que expresa que los niveles moderados de disturbio pueden ocasionar mayor diversidad de especies que los niveles bajos o elevados de disturbio.

intermediate filament (filamento intermedio) Componente del citoesqueleto que incluye a todos los filamentos intermedios en tamaño entre los microtúbulos y los microfilamentos.

internal fertilization (fertilización interna) Fusión de óvulo y espermatozoide dentro del tracto reproductor femenino. El esperma es depositado típicamente en el interior o cerca del tracto.

interneuron (interneurona) Neurona de asociación; célula nerviosa dentro del sistema nervioso central que forma sinapsis con neuronas sensoriales y motoras e integra la entrada sensorial con la salida motora.

internode (internodo) Segmento del tallo de una planta entre los puntos donde se insertan las hojas.

interphase (interfase) Período en el ciclo celular en el cual la célula no se divide. Durante la interfase, la actividad metabólica celular es elevada, los cromosomas y las organelas se duplican y el tamaño celular suele crecer. La interfase representa un 90% del ciclo celular.

intersexual selection (selección intersexual) Los individuos de un sexo (generalmente las hembras) son selectivos en cuanto a la elección de sus parejas entre individuos del sexo opuesto; también se lo llama selección de pareja.

interspecific competition (competencia interespecífica) Competencia por recursos que se da entre plantas, animales o descomponedores cuando los recursos escasean.

interspecific interaction (interacción interespecífica) Relación entre individuos de dos o más especies cuando los recursos están en escasez.

interstitial fluid (fluido intersticial) Ambiente interno de los vertebrados que consiste en el fluido que llena los espacios entre células.

intertidal zone (zona intermareas) Zona poco profunda del océano donde la tierra se encuentra con el agua.

intracellular digestion (digestión intracelular) Hidrólisis de nutrientes en el interior de vacuolas.

intracytoplasmic sperm injection (ICSI, inyección intracitoplásmica de esperma) Fertilización de un huevo en el laboratorio por medio de la inyección directa de un esperma individual.

intrasexual selection (selección intrasexual) Competencia directa entre individuos de un mismo sexo (generalmente los machos en los vertebrados) por parejas del sexo opuesto.

introduced species (especie introducida) Especie movida por los humanos, ya sea intencional o accidentalmente, desde su localización nativa a una nueva región geográfica. También se la denomina especie no nativa o exótica.

intron (intrón) Secuencia no codificante, intermedia, con un transcripto primario que es removido del transcripto durante el procesado del ARN; también se refiere a la región de ADN a partir de la cual la secuencia fue transcripta.

invagination (invaginación) Plegamiento hacia dentro de las células debido a cambios en la morfología.

invasive species (especie invasora) Especie, a menudo introducida por los humanos, que se instala fuera de su rango nativo.

inversion (inversión) Aberración en la estructura de un cromosoma resultante de la reanexión de un fragmento cromosómico, en una orientación inversa, al cromosoma del que se originó.

invertebrate (invertebrado) Animal sin columna vertebral. Los invertebrados constituyen el 95% de las especies animales.

involution (involución) Células que ruedan hacia el otro lado del borde del labio del blastoporo, hacia el interior del embrión durante la gastrulación.

ion (ión) Átomo que ha ganado o perdido electrones, adquiriendo de esta manera una carga eléctrica.

ion channel (canal iónico) Proteína canal de transmembrana que permite el pasaje de un ión específico para fluir a través de la membrana celular a favor de su gradiente de concentración.

ionic bond (enlace iónico) Enlace químico que resulta de la atracción entre iones con cargas opuestas.

ionic compound (compuesto iónico) Compuesto que resulta de la formación de enlaces iónicos, también llamados sales.

IPSP *Ver* **inhibitory postsynaptic potential** (potencial postsináptico inhibitorio)

iris (iris) Parte coloreada del ojo de los vertebrados, formado por la porción anterior del coroides.

islets of Langerhans (islotes de Langerhans) Grupos de células endocrinas en el páncreas que producen y secretan glucagón (células alfa) e insulina (células beta).

isomer (isómero) Uno de los numerosos compuestos orgánicos con una misma fórmula molecular pero diferentes estructuras y, por consiguiente, diferentes propiedades. Los tres tipos de isómeros son: isómeros estructurales, isómeros geométricos y enantiómeros.

isomorphic (isomórfico) Se refiere a generaciones alternantes en plantas y ciertas algas en las cuales los esporofitos y gametofitos son parecidos, aunque difieren en el número de cromosomas.

isopod (isópodo) Miembro de uno de los mayores grupos de crustáceos que incluye especies terrestres, de agua dulce y marinas. Entre los isópodos terrestres se encuentran los bichos bola y los piojos de la madera.

isotonic (isotónico) Que posee la misma concentración de solutos que otra solución, por lo que no tiene efecto sobre el pasaje neto de agua dentro o fuera de la célula.

isotope (isótopo) Una de las diversas formas atómicas de un elemento, cada una compuesta por un número diferente de neutrones y que difiere por lo tanto en masa atómica.

iteroparity (iteroparidad) Forma de reproducción en la que los adultos producen grandes cantidades de crías en el transcurso de muchos años. También se la conoce como reproducción repetida.

joule (J) (joule, J) Unidad de medida de energía; 1 J = 0,239 cal; 1 cal = 4,184 J.

juvenile hormone (JH) (hormona juvenil, HJ) Hormona de los artrópodos secretada por las glándulas del cuerpo alado y que promueve la retención de las características de larva.

juxtaglomerular apparatus (JGA) (aparato juxtaglomerular) Tejido especializado que produce la enzima renina cuando la presión o volumen sanguíneo disminuye.

juxtamedullary nephron (nefrón juxtamedular) En mamíferos y aves, nefrón cuya asa de Henle bien desarrollada se extiende profundamente dentro de la médula renal.

karyogamy (cariogamia) Fusión de los núcleos de dos células como parte de la singamia (fertilización).

karyotype (cariotipo) Exposición de los pares de cromosomas de una célula ordenados por tamaño y forma.

keystone species (especie clave) Especie que, a pesar de no ser generalmente abundante en una comunidad, ejerce un fuerte control sobre la estructura de la misma debido a la naturaleza de su rol ecológico o nicho.

kilocalorie (kcal) (kilocaloría, kcal) Mil calorías; cantidad de energía calórica necesaria para elevar la temperatura de 1 Kg. de agua en 1°C.

kin selection (selección de los de su tipo) Selección natural que favorece el comportamiento altruista por medio del aumento del éxito reproductivo de los individuos emparentados.

kinesis (kinesis) Cambio en la actividad o cambio de velocidad en respuesta a un estímulo.

kinetic energy (energía cinética) Energía asociada con el movimiento de los objetos. La materia en movimiento realiza trabajo al impartir movimiento a otra materia.

kinetochore (cinetocoro) Estructura compuesta por proteínas unida al centrómero y que une a cada cromátida hermana con el huso mitótico.

kinetoplastid (cinetoplástido) Protista, como el *Tripanosoma,* que posee una única mitocondria de gran tamaño asociada con un cinetoplasto que contiene ADN extranuclear.

kingdom (reino) Categoría taxonómica, la segunda más amplia luego de dominio.

***K*-selection** (selección K) Historia de vida de un organismo en la cual éste produce relativamente poca descendencia con una alta probabilidad de supervivencia; se la conoce también como selección dependiente de densidad.

labia majora (labios mayores) Par de bordes gruesos que rodean y protegen a los labios menores y el vestíbulo.

labia minora (labios menores) Par de pliegues delgados de la piel que rodean y protegen al vestíbulo.

labor (trabajo de parto) Serie de contracciones fuertes y rítmicas del útero que ayudan a la expulsión del bebé fuera del útero y de la vagina durante el nacimiento.

lactation (lactación) Producción continua de leche por las glándulas mamarias.

lacteal (lacteal) Pequeño vaso linfático que se extiende por el interior de un vello intestinal y representa el punto de destino para los quilomicrones absorbidos.

lactic acid fermentation (fermentación ácido láctica) Glicólisis que se completa con la conversión del piruvato en ácido láctico sin liberación de dióxido de carbono.

lagging strand (hebra remanente) Hebra de ADN sintetizada sin continuidad que se prolonga por medio de fragmentos de Okasaki, cada uno sintetizado en una dirección 5'-3'opuesta al sitio de replicación.

lancelet (lanceta) Miembro del subfilo Cephalochordata, pequeño cordado marino con forma de lanza que carece de columna vertebral.

landmark (hito) Indicador de localización; punto de referencia para la orientación durante la navegación.

landscape (paisaje) Ecosistemas diferentes, primariamente terrestres, unidos entre sí por intercambios de energía, materiales y organismos.

landscape ecology (ecología de paisajes) Estudio de la manera en la cual el arreglo especial del tipo de hábitat afecta la distribución y abundancia de organismos y procesos en el ecosistema.

large intestine (intestino grueso) Porción tubular del tracto alimentario de los vertebrados entre el intestino delgado y el ano; participa principalmente en la absorción del agua y en la formación de heces.

larva (plural, **larvae)** (larva) Forma de vida libre, sexualmente inmadura, en algunos ciclos de vida animal que puede diferir del adulto en cuanto a morfología, nutrición y hábitat.

larynx (laringe) Porción del tracto respiratorio que contiene las cuerdas vocales; también se lo llama caja de la voz.

lateral geniculate nucleus (núcleo geniculado lateral) Cada uno de los pares de estructuras en el cerebro que representan el punto de destino para la mayoría de los axones de las células ganglionares que forman los nervios ópticos.

lateral inhibition (inhibición lateral) Proceso que agudiza los contornos y aumenta el contraste de la imagen percibida, inhibiendo receptores laterales a aquellos que han respondido a la luz.

lateral line system (sistema de la línea lateral) Sistema mecanorreceptor que consiste en una serie de poros y unidades receptoras (neuromastos) a lo largo de ambos lados del cuerpo de peces y anfibios acuáticos. Detecta los movimientos del agua realizados por el mismo animal y por otros objetos en movimiento.

lateral meristem (meristema lateral) Meristema que engrosa las raíces y vástagos de las plantas leñosas. El cambium vascular y el corcho son meristemas laterales.

lateral root (raíz secundaria) Raíz que se origina a partir de la capa más externa del periciclo de una raíz establecida.

lateralization (laterilización) Segregación de las funciones en la corteza de los hemisferios izquierdo y derecho del cerebro.

law of conservation of mass (ley de conservación de la energía) Ley de la física que establece que la materia puede cambiar de forma pero no puede ser creada ni destruida. En un sistema cerrado, la masa del sistema es constante.

law of independent assortment (ley de segregación independiente) Segunda ley de Mendel que establece que cada par de alelos se segrega independiente durante la formación de las gametas. Se aplica cuando los genes para dos caracteres están localizados en diferentes pares de cromosomas homólogos.

law of segregation (ley de segregación) Primera ley de Mendel que establece que los alelos de un par se separan (segregan) en gametos diferentes durante la formación de las gametas.

leading strand (hebra conductora) Hebra nueva complementaria continua de ADN, sintetizada a lo largo de la hebra templete en la dirección obligatoria 5'-3'.

leaf (hoja) Órgano fotosintético principal de las plantas vasculares.

leaf primordium (hoja primordial) Proyección con forma de dedo, a lo largo de los lados del meristema apical de un tallo, de donde se originan las hojas.

learning (aprendizaje) Cambio en el comportamiento como resultado de la experiencia.

lens (lente) Estructura del ojo que enfoca los rayos de luz sobre la retina.

lenticel (lenticela) Pequeña área elevada en la corteza de tallos y hojas que permite el intercambio gaseoso entre células vivas y el aire exterior.

lepidosaur (lepidosaurio) Miembro del grupo de reptiles que incluye a las lagartijas, serpientes y dos especies animales de Nueva Zelanda denominadas tuátaras.

leukocyte (leucocito) Célula sanguínea que funciona en la defensa contra infecciones; también se la llama glóbulo blanco.

Leydig cell (célula de Leidig) Célula que produce testosterona y otros andrógenos y está localizada entre los túbulos seminíferos de los testículos.

lichen (liquen) Grupo mutualista compuesto por la asociación simbiótica entre un hongo y un alga fotosintética o cianobacteria.

life cycle (ciclo de vida) Secuencia de etapas de generación a generación en la historia reproductiva de un organismo.

life history (historia de vida) Aspectos que afectan el esquema de reproducción y supervivencia de la vida de un organismo.

life table (tabla de vida) Tabla con datos que resumen la mortalidad en una población.

ligament (ligamento) Tipo de tejido conectivo fibroso que une los huesos a las articulaciones.

ligand (ligando) Molécula que se une específicamente al sitio receptor de otra molécula, generalmente de mayor tamaño.

ligand-gated ion channel (canal iónico por ligando) Poro proteico en la membrana plasmática que se abre o cierra en respuesta a una señal química (ligando), permitiendo o bloqueando de esta manera el flujo de iones específicos.

light chain (cadena liviana) Uno de los dos tipos de cadenas polipeptídicas que contribuyen a la estructura de una molécula de anticuerpo y de un receptor de célula B. Consiste en una región variable que contribuye al sitio de unión del antígeno y una región constante.

light microscope (LM) (microscopio óptico, MO) Instrumento óptico con lentes que refractan (doblan) la luz visible para aumentar las imágenes de los especímenes.

light reactions (reacciones luminosas) La primera de las dos etapas principales en la fotosíntesis (antes que el Ciclo de Calvin). Estas reacciones, que tienen lugar en las membranas tilacoideas de los cloroplastos o en las membranas de ciertos procariotas, convierten la energía solar en energía química en forma de ATP y NADPH, produciendo oxígeno durante el proceso.

light-harvesting complex (complejo colector de luz) Complejo de proteínas asociadas con moléculas de pigmento (incluidos clorofila a, clorofila b y carotenoides) que captura la energía luminosa y la transfiere a pigmentos en el centro de reacción de un fotosistema.

lignin (lignina) Material duro embebido en la matriz de celulosa de las paredes celulares de las plantas vasculares que funciona como una adaptación importante para el soporte en las especies terrestres.

limiting nutrient (nutriente limitante) Elemento que debe agregarse para que la producción de un área en particular aumente.

limnetic zone (zona limnética) Aguas de superficies abiertas en un lago, lejos de la costa.

linear electron flow (flujo linear de electrones) Ruta de flujo de electrones durante las reacciones fotosintéticas luminosas que involucra ambos fotosistemas (I y II) y produce ATP, NADPH, y O_2. El flujo neto de electrones es del H_2O a NADP+.

linkage map (mapa de sitios de unión) Mapa genético basado en las frecuencias de recombinación entre marcadores durante el *crossing-over* de los cromosomas homólogos.

linked genes (genes ligados) Genes localizados con suficiente proximidad unos a otros sobre el mismo cromosoma para ser heredados generalmente juntos.

lipid (lípido) Uno de los miembros de la familia de compuestos que incluyen a las grasas, fosfolípidos y esteroides, todos ellos insolubles en agua.

littoral zone (zona litoral) Aguas poco profundas de un lago, cerca de la costa.

liver (hígado) Órgano de mayor tamaño en el cuerpo de los vertebrados. El hígado lleva a cabo diversas funciones, como la producción de bilis, la preparación de los deshechos nitrogenados para su eliminación y la desintoxicación de los compuestos tóxicos de la sangre.

liverwort (hepática) Planta herbácea pequeña no leñosa miembro del filo Hepatophyta.

loam (marga) El más fértil de todos los tipos de suelo compuesto aproximadamente por cantidades iguales de arena, cieno y arcilla.

lobe-fin (peces de aleta lobulada) Miembro del subgrupo Sarcopterygii de vertebrados, osteictios con aletas musculares con forma cilíndrica que incluye a los celacantos y peces pulmonados, así como también al linaje que dio origen a los tetrápodos.

local regulator (regulador local) Mensajero químico que influye sobre las células vecinas.

locomotion (locomoción) Movimiento activo desde un lugar a otro.

locus (plural, **loci**) (*locus;* plural, *loci*) Sitio en un determinado cromosoma donde se localiza un gen determinado.

logistic population growth (crecimiento logístico de una población) Modelo que describe el crecimiento de una población, el cual se nivela a medida que el tamaño de la población se aproxima a su capacidad de carga.

long-day plant (planta de día largo) Planta que florece sólo cuando el período de luz es más largo que una cierta longitud crítica (generalmente en la primavera tardía o verano temprano).

long-term memory (memoria a largo plazo) Habilidad para mantener, asociar y recordar información a lo largo de la vida de un individuo.

long-term potentiation (LTP) (potenciación a largo plazo, PLP) Respuesta acentuada de una neurona receptora a un potencial de acción (señal nerviosa).

loop of Henle (asa de Henle) Larga vuelta de gancho, con una rama descendente y otra ascendente, del túbulo renal en el riñón de los vertebrados; participa en la reabsorción de agua y sales.

lophophore (lofóforo) En algunos animales lofotrocozoarios, incluidos los braquiópodos, corona de tentáculos ciliados que funcionan en alimentación y rodean la boca.

lophotrochozoan (lofotrocozoario) Miembro de un grupo de animales identificado como un clado por medio de evidencias moleculares. Los lofotrocozoarios incluyen organismos caracterizados por poseer lofóforos o larva trocófora.

low-density lipoprotein (LDL) (lipoproteína de baja densidad, LBD) Partícula transportadora de colesterol de la sangre, compuesta por colesterol y otros lípidos y rodeadas por una monocapa de fosfolípidos en la que están embebidas las proteínas. Cada partícula de LDL transporta más colesterol que una lipoproteína relacionada, la HDL y niveles elevados de LDL en la sangre se correlacionan con una tendencia a desarrollar bloqueo de vasos sanguíneos y enfermedades coronarias.

lung (pulmón) Superficie respiratoria invaginada en los vertebrados terrestres, caracoles terrestres y arañas que se conectan con la atmósfera a través de tubos delgados.

luteal phase (fase luteínica) Porción del ciclo ovárico durante el cual las células del cuerpo lúteo segregan hormonas femeninas.

luteinizing hormone (LH) (hormona luteinizante, HL) Hormona proteica segregada por la pituitaria anterior que estimula la ovulación en las hembras y la producción de andrógenos en los machos.

lycophyte (licofitos) Nombre informal que reciben los miembros del filo Lycophyta, el cual incluye diversas clases de musgos.

lymph (linfa) Fluido incoloro, derivado del fluido intersticial, en el sistema linfático de los vertebrados.

lymph node (nódulo linfático) Órgano localizado a lo largo de un vaso linfático. Los nódulos linfáticos filtran la linfa y ayudan a combatir los virus y bacterias.

lymphatic system (sistema linfático) Sistema de vasos y nódulos linfáticos separado del sistema circulatorio que retorna fluidos, proteínas y células a la sangre.

lymphocyte (linfocito) Tipo de glóbulo blanco que media la inmunidad adquirida. Los tipos principales son las células B y las células T.

lysogenic cycle (ciclo lisogénico) Ciclo de replicación de los fagos en el cual el genoma viral se incorpora dentro del cromosoma de la bacteria hospedadora como profago y no mata al huésped.

lysosome (lisosoma) Saco membranoso de enzimas hidrolíticas que se encuentra en el citoplasma de las células eucariotas.

lysozyme (lisosima) Enzima presente en la transpiración, lágrimas y saliva que ataca las paredes celulares bacterianas.

lytic cycle (ciclo lítico) Tipo de ciclo de replicación viral (fago) que resulta en la liberación de nuevos fagos debido a la muerte o lisis de la célula hospedadora.

macroclimate (macroclima) Variaciones en gran escala del clima. Clima de una región.

macroevolution (macroevolución) Cambio evolutivo por encima del nivel de especie, que incluye el origen de un nuevo grupo de organismos o un cambio evolutivo vasto a lo largo de un periodo largo de tiempo. Algunos ejemplos de cambio macroevolutivo incluyen la aparición de características nuevas principales en los organismos y el impacto de extinciones en masa sobre la diversidad de vida o su consecuente recuperación.

macromolecule (macromolécula) Molécula gigante formada por la unión de moléculas más pequeñas, generalmente a través de una reacción de condensación. Los polisacáridos, proteínas y ácidos nucleicos son macromoléculas.

macronutrient (macronutriente) Sustancia química que un organismo debe obtener en cantidades relativamente grandes. *Ver también* micronutriente.

macrophage (macrófago) Célula fagocítica presente en muchos tejidos, que funciona en la inmunidad innata destruyendo microbios y que se mueve a través de fibras de tejido ingiriendo bacterias y células muertas por medio de la fagocitosis.

magnoliid (magnólida) Miembro de un clado de angiospermas relacionado cercanamente con las eudicotiledóneas. Incluye a las magnolias, laureles y pimientos negros.

major depressive disorder (desorden de depresión mayor) Desorden del estado de ánimo caracterizado por sentimientos de tristeza, pérdida de la autoestima, vacío, o pérdida del interés en casi todas las cosas.

major histocompatibility complex (MHC) (complejo mayor de histocompatibilidad, CMH) Familia de genes que codifican un gran conjunto de proteínas de la superficie de la célula denominadas CMH. Las moléculas CMH clase I y clase II funcionan en presencia del antígeno a las células T. Moléculas de CMH en tejidos trasplantados pueden desencadenar la respuesta de las células T y provocar el rechazo del trasplante.

malignant tumor (tumor maligno) Tumor canceroso lo suficientemente invasivo como para dañar las funciones de uno o más órganos.

malleus (martillo) El primero de los tres huesosillos del oído medio.

malnourishment (desnutrición) Ausencia prolongada en la dieta de uno o más de nutrientes esenciales.

Malpighian tubule (túbulo de Malpighi) Órgano excretor único de los insectos que vacía su contenido en el tracto digestivo, remueve los deshechos nitrogenados fuera de la hemolinfa y participa en la osmorregulación.

mammal (mamífero) Miembro de la clase Mammalia, amniotas con glándulas mamarias - glándulas que producen leche.

mammary glands (glándulas mamarias) Glándulas exocrinas que segregan leche para alimentar a la cría. Estas glándulas son características de los mamíferos.

mandible (mandíbula) Cada parte del par de apéndices alimenticios que se encuentran en miriápodos, hexápodos y crustáceos.

mantle (manto) Una de las tres partes principales de un molusco; pliegue de tejido en los moluscos que cubre la masa de vísceras y que puede secretar una concha. *Ver también* **foot** (pié), **visceral mass** (masa visceral).

mantle cavity (cavidad del manto) Cámara llena de agua que aloja las branquias, ano y poros excretorios en los moluscos.

map unit (unidad de mapa) Unidad de medida de la distancia entre genes. Una unidad de mapa es equivalente a un 1% de frecuencia de recombinación.

marine benthic zone (zona béntica marina) Piso del océano.

mark-recapture method (método de marca y captura) Técnica de muestreo usada para estimar el tamaño de las poblaciones animales.

marsupial (marsupial) Mamífero, tal como el koala, el canguro y el opossum o zarigüeya, cuyas crías completan su desarrollo embrionario dentro de una bolsa materna denominada marsupio.

mass extinction (extinction en masa) Periodo de tiempo durante el cual cambios globales en el ambiente condujeron a la eliminación de un gran número de especies a lo largo de la Tierra.

mass number (número másico) Suma del número de protones y neutrones contenidos en el núcleo de un átomo.

mast cell (célula mastocito) Célula del cuerpo de los vertebrados que produce histamina y otras moléculas que inician la respuesta inflamatoria en respuesta a una infección y a reacciones alérgicas.

mate-choice copying (copia de compañero de elección) Comportamiento por el cual los individuos en una población copian al compañero o pareja elegido por otros, aparentemente como resultado de un aprendizaje social.

maternal effect gene (gen de efecto materno) Gen que, al mutar en la madre, da como resultado un fenotipo mutante en la descendencia, independientemente del genotipo. Los genes de efecto materno fueron identificados por primera vez en *Drosophila*.

matter (materia) Todo lo que ocupa un lugar en el espacio y tiene masa.

maximum likelihood (máxima probabilidad) Aplicado a la sistemática, principio que establece que cuando se consideran múltiples hipótesis filogenéticas, uno debería considerar aquella hipótesis que refleja la secuencia más probable de eventos evolutivos, de acuerdo a ciertas reglas sobre cómo cambia el ADN a lo largo del tiempo.

maximum parsimony (parsimonia máxima) Principio que establece que cuando se consideran múltiples explicaciones para una observación, uno debería investigar primero la explicación más simple que sea consistente con los datos.

mechanoreceptor (mecanorreceptor) Receptor sensorial que detecta deformaciones físicas en el ambiente del cuerpo asociadas con presión, tacto, estiramiento, movimiento y sonido.

medulla oblongata (médula oblonga) La médula oblonga o bulbo raquídeo es la parte más inferior del cerebro de los vertebrados. Ensanchamiento del cerebro posterior dorsal a la porción anterior de la médula espinal que controla funciones autónomas y homeostáticas, tales como la respiración, actividad cardíaca y de los vasos sanguíneos, deglución, digestión y vómito.

medusa (medusa) Versión flotante, aplanada del plan corporal de los cnidarios que posee una boca inferior. La forma alternativa es la de pólipo.

megapascal (MPa) (megapascal, MPa) Unidad de presión equivalente a 10 atmósferas de presión.

megaphyll (megafilo) Hoja con un sistema vascular muy ramificado, típica de la mayoría de las plantas vasculares.

megaspore (megaspora) Espora proveniente de una planta heterospórica que se desarrolla como gametofito femenino.

meiosis (meiosis) Tipo de división celular modificada en organismos que se reproducen sexualmente, que consiste en dos ciclos de división celular pero un único ciclo de replicación de ADN. Da como resultado células con la mitad del número de cromosomas de la célula original.

meiosis I (meiosis I) Primera de las dos etapas del proceso de división celular en la reproducción sexual de organismos que da como resultado células con la mitad del número de cromosomas de la célula original.

meiosis II (meiosis II) Segunda de las dos etapas del proceso de división celular en la reproducción sexual de organismos que da como resultado células con la mitad del número de cromosomas de la célula original.

melanocyte-stimulating hormone (MSH) (hormona estimulante de los melanocitos, MSH) Hormona producida y secretada por la pituitaria anterior que regula la actividad de células con pigmento en la piel de algunos vertebrados.

melatonin (melatonina) Hormona secretada por la glándula pineal que regula funciones del cuerpo relacionadas con la duración del día según la estación.

membrane potential (potencial de membrana) Diferencia de cargas entre el citoplasma de la célula y el fluido extracelular, debida a la distribución diferencial de iones. El potencial de membrana afecta la actividad de las células excitables y el movimiento a través de la membrana de todas las sustancias con carga eléctrica.

memory cell (célula de memoria) Tipo de clon de linfocitos de larga vida, formado durante la respuesta inmune primaria, que permanece en un nódulo linfático hasta ser activado por exposición al mismo antígeno que provocó su formación. Las células de memoria activadas participan en la respuesta inmune secundaria.

menopause (menopausia) Cese de la ovulación y menstruación que marca el fin de los años reproductivos de una mujer.

menstrual cycle (ciclo menstrual) Tipo de ciclo reproductivo en las hembras de primates superiores, en el cual el endometrio no preñado se desprende bajo la forma de una descarga hemorrágica a través del cuello hacia la vagina.

menstrual flow phase (fase de flujo menstrual) Porción del ciclo menstrual (uterino) en el que empieza a ocurrir el sangrado menstrual.

menstruation (menstruación) Desprendimiento de porciones del endometrio durante un ciclo uterino (menstrual).

meristem (meristema) Tejido vegetal que permanece en estado embrionario mientras la planta está viva, posibilitando el crecimiento indeterminado.

meristem identity gene (gen de identidad del meristema) Gen vegetal que promueve el cambio entre crecimiento vegetativo y floración.

meroblastic cleavage (clivaje meroblástico) Tipo de clivaje en el cual existe una división incompleta del vitelo del huevo y es característico del desarrollo de las aves.

mesoderm (mesodermo) Capa germinal primaria media en un embrión animal; desarrolla como notocorda, envoltura del celoma, músculos, esqueleto, gónadas, riñones y la mayor parte del sistema circulatorio en aquellas especies que poseen dichas estructuras.

mesohyl (mesoglea) Región gelatinosa entre las dos capas de células de una esponja.

mesophyll (mesófilo) Tejido fundamental de una hoja, ubicado entre la epidermis superior y la inferior y especializado en la fotosíntesis.

mesophyll cell (célula mesofílica) En plantas C4, tipo de célula fotosintética dispuesta laxamente entre la vaina del haz y la superficie de la hoja.

messenger RNA (mRNA) (ARN mensajero, ARNm) Tipo de ARN, sintetizado a partir del ADN, que se une a los ribosomas del citoplasma y especifica la estructura primaria de una proteína.

metabolic pathway (ruta metabólica) Serie de reacciones químicas que conduce a la formación de un complejo molecular (ruta anabólica) o al rompimiento de un complejo molecular en compuestos más simples (ruta catabólica).

metabolic rate (velocidad metabólica) Cantidad total de energía que un animal utiliza por unidad de tiempo.

metabolism (metabolismo) Serie de reacciones químicas de un organismo consistente en rutas catabólica y anabólica, que controlan los recursos materiales y energéticos de la célula.

metamorphosis (metamorfosis) Resurgimiento del desarrollo en la larva de un animal que se transforma en un adulto sexualmente maduro.

metanephridium (plural, **metanephridia**) (metanefridio) En los gusanos anélidos, tipo de túbulo excretor con aberturas internas denominadas nefrostomas que colectan fluidos del cuerpo, y aberturas externas llamadas nefridioporos.

metaphase (metafase) Tercera subfase de la mitosis, en la que el huso está completo y los cromosomas, unidos a los microtúbulos por los cinetocoros, se encuentran alineados sobre la placa metafásica.

metaphase plate (placa metafásica) Plano imaginario durante la metafase sobre el cual se ubican los centrómeros de todos los cromosomas duplicados, a medio camino entre los dos polos.

metapopulation (metapoblación) Grupo de poblaciones de una especie espacialmente separadas que interactúan por medio de inmigraciones y emigraciones.

metastasis (metástasis) Dispersión de las células cancerígenas a lugares alejados de su sitio original.

methanogen (metanógeno) Organismo que obtiene energía utilizando dióxido de carbono para oxidar hidrógeno, produciendo metano como producto de deshecho; todos los metanógenos conocidos pertenecen al dominio Archaea.

methyl group (grupo metilo) Grupo químico que consiste en un carbono unido a tres átomos de hidrógeno. El grupo metilo puede estar unido tanto a un carbono como a un átomo diferente.

microclimate (microclima) Variaciones del clima en pequeña escala, tales como las condiciones climáticas específicas que existen debajo de un tronco.

microevolution (microevolución) Cambio evolutivo que ocurre por debajo del nivel de especie. Cambio en el *pool* genético de una población a lo largo de las generaciones.

microfilament (microfilamento) Estructura de cable compuesto por la proteína actina, presente en el citoplasma de casi todas las células eucariotas, que constituye parte del citoesqueleto y actúa ya sea solo o en conjunto con la miosina para llevar a cabo la contracción celular; también se lo conoce como filamento de actina.

micronutrient (micronutriente) Elemento que un organismo necesita en pequeñas cantidades y que funciona como componente o cofactor de las enzimas. *Ver también* **macronutrient** (macronutriente).

microphyll (microfilo) Hoja pequeña de las licófitas con un único vaso no ramificado.

micropyle (micropilo) Poro en el tegumento de un óvulo.

microRNA (miRNA) (micro-ARN, ARNmi) Molécula pequeña de ARN de una sola hebra, generada a partir de una estructura con forma de pinza sobre un precursor de ARN transcripto a partir de un gen en particular. El ARNmi se asocia a una o más proteínas en un complejo que puede degradar o prevenir la traducción de un ARNm con una secuencia complementaria.

microspore (microspora) Espora de una planta heterospórica que se desarrolla como gametofito masculino.

microtubule (microtúbulo) Tubo hueco compuesto por la proteína tubulina, presente en el citoplasma de todas las células eucariotas y en cilios, flagelos y citoesqueleto.

microvillus (microvilus, en plural, **microvilli)** Cada una de las numerosas proyecciones delgadas, con forma de dedo, presente en las células epiteliales del intestino delgado y que aumentan su área de superficie.

midbrain (cerebro medio) Una de las tres regiones ancestrales y embrionarias del cerebro de los vertebrados. Se desarrolla como centro de integración sensorial y de relación que envía información sensorial al cerebro.

middle ear (oído medio) Una de las tres regiones principales del oído de los vertebrados. Cámara que contiene tres pequeños huesos (martillo, yunque y estribo) y que transporta las vibraciones desde el tímpano hasta la ventana oval.

middle lamella (laminilla media) En las plantas, capa delgada de material extracelular adhesivo, principalmente pectinas, presente entre las paredes primarias de células vegetales jóvenes adyacentes.

migration (migración) Cambio regular, a larga distancia, en la localización.

mineral (mineral) En nutrición, nutriente inorgánico, que por consiguiente no puede ser sintetizado.

mineralocorticoid (mineralocorticoide) Hormona esteroidea segregada por la corteza adrenal que regula la homeostasis de las sales y el agua.

minimum viable population size (MVP) (tamaño mínimo viable de una población, TMV) Cantidad mínima de individuos necesaria para que una especie pueda sostener su número y sobrevivir.

mismatch repair (reparación de errores) Proceso celular que utiliza enzimas especiales para corregir nucleótidos apareados incorrectamente.

missense mutation (mutación de sentido equivocado) Sustitución de un par de bases que da como resultado un codón que codifica para un aminoácido diferente.

mitochondrial matrix (matriz mitocondrial) Compartimiento de la mitocondria encerrado dentro de la membrana interna y que contiene enzimas y sustratos del ciclo del ácido cítrico.

mitochondrion (plural, **mitochondria)** (mitocondria) Organela de las células eucariotas que es el sitio donde se realiza la respiración celular.

mitosis (mitosis) Proceso de división nuclear en células eucariotas compuesto convencionalmente por cinco etapas: profase, prometafase, metafase, anafase y telofase. La mitosis conserva el número de cromosomas al repartir por igual los cromosomas replicados a cada una de las células hijas.

mitotic (M) phase (fase mitótica M) Fase del ciclo celular que incluye mitosis y citoquinesis.

mitotic spindle (huso mitótico) Ensamblaje de microtúbulos y proteínas asociadas que participa en los movimientos de los cromosomas durante la mitosis.

mixotroph (mixotrofo) Organismo que es capaz de fotosintetizar y ser heterótrofo.

model (modelo) Representación de una teoría o proceso.

model organism (organismo modelo) Especie elegida para el estudio de principios biológicos básicos porque es representativa de un grupo mayor y generalmente fácil de crecer en un laboratorio.

molarity (molaridad) Medida común de la concentración de soluto que se refiere al número de moles de soluto por litro de solución.

mold (moho) Término informal que se refiere a ciertos hongos filamentosos que producen esporas haploides por mitosis y forman un micelio visible.

mole (mol) Número de gramos de una sustancia que equivale a su peso molecular en daltones y contiene el número de Avogadro.

molecular clock (reloj molecular) Método de medición del tiempo evolutivo basado en la observación de que al menos ciertas regiones de los genomas evolucionan a un ritmo constante.

molecular formula (fórmula molecular) Tipo de notación molecular que indica sólo la cantidad de átomos constituyentes, pero no la naturaleza de los enlaces químicos que los unen.

molecular mass (masa molecular) La suma de las masas de todos los átomos en una molécula, también conocido como peso molecular.

molecular systematics (sistemática molecular) Disciplina científica que utiliza los ácidos nucleicos u otras moléculas en diferentes especies para inferir relaciones evolutivas.

molecule (molécula) Dos o más átomos unidos por enlaces covalentes.

molting (muda) Proceso que tiene lugar en ecdisozoarios en el cual el exoesqueleto se desprende a intervalos posibilitando el crecimiento, con la producción de un exoesqueleto de mayor tamaño.

monoclonal antibody (anticuerpo monoclonal) Cualquiera de un grupo de anticuerpos que hayan sido producidos por un clon único de células cultivadas y, por consiguiente, son todos específicos para el mismo epitopo.

monocot (monocotiledónea) Clado de plantas con flores que poseen una única hoja seminal embrionaria, o cotiledón.

monogamous (monógamo) Tipo de relación en la cual el macho se aparea con una única hembra.

monohybrid (monohíbrido) Organismo heterocigota con respecto a un gen de interés. Toda la descendencia de una cruza entre progenitores homocigotas para diferentes alelos son monohíbridos. Por ejemplo, progenitores con genotipos *AA* y *aa* producen un genotipo monohíbrido *Aa*.

monomer (monómero) Subunidad que funciona como bloque de construcción de un polímero.

monophyletic (monofilético) Relativo a un grupo de especies que consiste en una especie ancestral y todos sus descendientes; clado.

monossacharide (monosacárido) Carbohidrato más simple, activo por sí mismo, o que sirve como monómero para la formación de disacáridos o polisacáridos. También conocido como azúcares simples. Las fórmulas moleculares de los monosacáridos son generalmente múltiplos de CH_2O.

monosomic (monosómico) Se refiere a una célula que posee una única copia de un cromosoma, en lugar de las dos copias normales.

morphogen (morfogénico) Sustancia, como por ejemplo una proteína biocida en *Drosophila*, que proporciona información posicional bajo la forma de un gradiente de concentración a lo largo de un eje embrionario.

morphological species concept (concepto de especie morfológica) Definición de especie en términos de criterios anatómicos medibles.

morphology (morfología) Forma externa de un organismo.

moss (musgo) Pequeña planta avascular herbácea miembro del filo Bryophyta.

motor neuron (neurona motora) Célula nerviosa que transmite señales desde el cerebro o espina dorsal hacia los músculos o glándulas.

motor protein (proteína motora) Protína que interactúa con elementos del citoesqueleto y otros componentes celulares, produciendo movimiento de toda la célula o de partes de ella.

motor system (sistema motor) Rama eferente en el sistema nervioso periférico de los vertebrados compuesto por neuronas motoras que llevan señales a los músculos esqueléticos en respuesta a un estímulo externo.

motor unit (unidad motora) Neurona motora simple y todas las fibras musculares que ésta controla.

movement corridor (corredor biológico) Serie de regiones pequeñas o de bandas estrechas de hábitat de buena calidad (útil para los organismos) que conectan entre sí porciones de hábitat de buena calidad que de otra manera estarían aislados.

MPF (M-phase-promoting factor) (factor promotor de fase M, FPM) Complejo proteico necesario para que una célula progrese desde la interfase tardía hacia la mitosis; la forma activa consiste en ciclina y una proteína quinasa.

mucous (mucus) Mezcla de glicoproteínas, células, sales y agua de consistencia viscosa que humedece y protege las membranas que recubren las cavidades del cuerpo, como los pulmones y el estómago.

Müllerian mimicry (mimetismo mülleriano) Mimetismo mutuo entre dos especies no ceptables.

multifactorial (multifactorial) Hace referencia a un carácter fenotípico influido por múltiples genes y factores ambientales.

multigene family (familia multigénica) Colección de genes con secuencias similares o idénticas, presumiblemente de un origen común.

multiple fruit (fruto múltiple) Fruto derivado de una inflorescencia, grupo de flores fuertemente empaquetadas entre sí.

muscle tissue (tejido muscular) Tejido que consiste en largas células musculares capaces de contraerse cuando son estimuladas por impulsos nerviosos.

mutagen (mutágeno) Agente químico o físico que interactúa con el ADN y causa una mutación.

mutation (mutación) Cambio en la secuencia de nucleótidos del ADN de un organismo, que resulta en la creación de diversidad genética. Las mutaciones también pueden ocurrir en el ADN o ARN de un virus.

mutualism (mutualismo) Relación simbiótica en la cual ambos participantes se benefician.

mycelium (micelio) Red de hifas extensamente ramificadas de un hongo.

mycorrhizae (micorrizas) Asociación mutualista entre las raíces de una planta y un hongo.

mycosis (micosis) Término genérico para una infección fúngica.

myelin sheath (vaina de mielina) En una neurona, cubierta aislante de la membrana de las células de Schwann interrumpida por los nódulos de Ranvier, en los que se desarrolla la conducción saltatoria.

myofibril (miofibrilla) Fibrilla dispuesta colectivamente en haces longitudinales en las células musculares (fibras). Están compuestas por delgados filamentos de actina, una proteína regulatoria y gruesos filamentos de miosina.

myoglobin (mioglobina) Proteína pigmentada, almacenadora de oxígeno, de las células musculares.

myosin (miosina) Tipo de filamento de proteína que interactúa con los filamentos de actina para causar la contracción celular.

myotonia (miotonía) Tensión muscular incrementada, característica en ciertos tejidos del cuerpo humano durante la excitación sexual .

myriapod (miriápodo) Artrópodo terrestre con muchos segmentos corporales y uno o dos pares de piernas por segmento. Las dos clases de miriápodos vivientes comprenden por los milpiés y los cienpiés.

NAD^+ (NAD^+) Nicotinamida adenina dinucleótido, coenzima capaz de aceptar un electrón y actuar como transportador de electrones en la cadena transportadora de electrones.

$NADP^+$ ($NADP^+$) Nicotinamida adenina dinucleótido fosfato, aceptor de electrones que almacena temporariamente los electrones energizados producidos durante las reacciones lumínicas.

natural family planning (planificación familiar natural) Forma de contracepción que se basa en la abstinencia de relaciones sexuales en los momentos en que la concepción es más probable. También se lo conoce como método del ritmo.

natural killer (NK) cell (célula asesina natural) Tipo de glóbulo blanco sanguíneo que destruye células tumorales y células infectadas por virus. Componente importante de la inmunidad innata.

natural selection (selección natural) Proceso por el cual los organismos con ciertas características hereditarias tienen mayor probabilidad de sobrevivir y reproducirse que los organismos que poseen características diferentes.

negative feedback (retroalimentación negativa) Mecanismo primario de homeostasis, por el cual un cambio en una variable fisiológica que está siendo monitoreada desencadena una respuesta que contrarresta la fluctuación inicial.

negative pressure breathing (respiración de presión negativa) Sistema de respiración en la cual el aire es empujado hacia dentro de los pulmones.

nematocyst (nematocisto) En el cnidocisto de un cnidario, organela especializada, con forma de cápsula, que contiene un hilo enrollado que, cuando se descarga, penetra a través de la pared del cuerpo de la presa.

nephron (nefrón) Unidad tubular excretoria del riñón de los vertebrados.

neritic zone (zona nerítica) Región poco profunda del océano por encima de la plataforma continental.

nerve (nervio) Manojo de fibras neuronales (axones y dendritas) empaquetadas estrechamente con tejido conectivo.

nerve net (red nerviosa) Sistema reticular de neuronas, característico de animales con simetría radial como *Hydra.*

nervous system (sistema nervioso) Sistema interno de comunicación, de acción rápida, que comprende receptores sensoriales, redes de células nerviosas y conexiones con músculos y glándulas para responder a las señales nerviosas; funciona en sincronía con el sistema endocrino con efecto sobre la regulación interna y la permanencia de la homeostasis.

nervous tissue (tejido nervioso) Tejido compuesto por neuronas y células de sostén.

net primary production (NPP) (producción primaria neta, PPN) Producción primaria bruta de un ecosistema, menos la energía utilizada por los productores en la respiración.

neural crest cells (células de la cresta neuronal) En los vertebrados, grupo de células ubicadas a lo largo de los bordes donde el tubo neural se separa del ectodermo. Las células migran a diversas partes del embrión y forman las células pigmentadas de la piel y partes del cráneo, dientes, glándulas adrenales y sistema nervioso periférico.

neural plasticity (plasticidad neuronal) Capacidad del sistema nervioso de cambiar sin experiencia.

neural tube (tubo neural) Tubo de células ectodermales plegado hacia adentro, que corre a lo largo del eje antero-posterior de un vertebrado, inmediatamente dorsal a la notocorda. Da origen al sistema nervioso central.

neurohormone (neurohormona) Molécula secretada por una neurona, que fluye por los fluidos del cuerpo, y funciona sobre células blanco específicas para modificar su funcionamiento.

neuron (neurona) Célula nerviosa. Unidad fundamental del sistema nervioso, que posee estructuras y propiedades que le permiten conducir señales aprovechando la carga eléctrica a través de la membrana celular.

neuropeptide (neuropéptido) Cadena relativamente corta de aminoácidos que funciona como neurotransmisor.

neurotransmitter (neurotransmisor) Molécula liberada a partir de la terminal sináptica de una neurona en una sinapsis química, que difunde a lo largo del espacio sináptico, y se une y estimula a la célula postsináptica, estimulando una respuesta.

neutral theory (teoría neutral) Hipótesis que sostiene que la mayoría de los cambios evolutivos en genes y proteínas no tienen efecto sobre el ajuste y, por consiguiente, no están influenciados por la selección natural darwiniana.

neutral variation (variación neutral) Variación genética que no parece conferir ninguna ventaja o desventaja selectiva.

neutron (neutrón) Partícula subatómica eléctricamente neutra (particular sin carga eléctrica), con una masa de alrededor de 1.7×10^{-24} g, localizada en el núcleo de un átomo.

neutrophil (neutrófilo) El más abundante de todos los tipos de leucocitos. Los neutrófilos son fagocíticos y tienden a auto-destruirse a medida que destruyen a los invasores extraños, limitando su ciclo de vida a unos pocos días.

nitric oxide (óxido nítrico) Gas producido por diversos tipos de células que funciona como regulador local y como neurotransmisor.

nitrogen cycle (ciclo del nitrógeno) Proceso natural por el cual el nitrógeno, ya sea presente en la atmósfera o proveniente de material orgánico en descomposición, es convertido por las bacterias del suelo en compuestos capaces de ser asimilados por las plantas. Este nitrógeno incorporado es entonces absorbido por otros organismos y subsecuentemente liberado, modificado por bacterias y hecho disponible nuevamente en el ambiente inerte.

nitrogen fixation (fijación del nitrógeno) Conversión del nitrógeno atmosférico (N_2) en amonia co (NH_3). La fijación biológica del nitrógeno es llevada a cabo por ciertos procariotas como compuestos nitrogenado, algunos de los cuales poseen relaciones mutualísticas con las plantas.

nociceptor (nociceptor) Receptor sensorial que responde a estímulos dolorosos; también denominado receptor de dolor.

node (nodo) Punto del tallo de una planta donde se insertan las hojas.

node of Ranvier (nódulo de Ranvier) Espacio en la vaina de mielina de ciertas neuronas donde se genera un potencial de acción. En la conducción saltatoria, cada potencial de acción es regenerado en cada nódulo, lo que da la apariencia de "saltos" a lo largo del axón de nódulo en nódulo.

nodule (nódulo) Protuberancia en las raíces de una leguminosa. Los nódulos están compuestos por células vegetales que contienen bacterias fijadoras del nitrógeno del género *Rhizobium.*

noncompetitive inhibitor (inhibidor no competitivo) Sustancia que reduce la actividad de una enzima al unirse a un sitio alejado del sitio activo, modificando la conformación de la enzima de manera tal que su sitio activo no puede funcionar efectivamente.

nondisjunction (no-disyunción) Error que ocurre en la meiosis o mitosis por el cual los miembros de un par de cromosomas homólogos o de cromátidas hermanas no se separan correctamente.

nonequilibrium model (modelo de no-equilibrio) Modelo de comunidades que enfatiza que no son estables en el tiempo sino que cambian constantemente después de haber sufrido disturbios.

nonpolar covalent bond (enlace covalente no polar) Tipo de enlace covalente en el que los electrones son compartidos por igual entre dos átomos de electronegatividad similar.

nonsense mutation (mutación sin sentido) Mutación que cambia un codón aminoácido por alguno de los tres codones de terminación y que resulta en una proteína más corta y generalmente no funcional.

norepinephrine (norepinefrina) Hormona química y funcionalmente similar a la epinefrina; también conocida como noradrenalina.

norm of reaction (norma de reacción) Rango de fenotipos producidos por un genotipo simple, de acuerdo a las influencias ambientales.

normal range (rango normal) Límite superior e inferior de una variable.

Northern blotting (Northern blotting) Técnica que permite la detección de secuencias nucleotídicas específicas en una muestra de ARNm. Involucra electroforesis en gel de las moléculas de ARN y su transferencia a una membrana (*blotting*), seguida de hibridización de los ácidos nucleicos con una sonda marcada.

northern coniferous forest (bosque boreal de coníferas) Bioma terrestre caracterizado por inviernos largos y fríos, y dominado por árboles que producen conos.

no-till agriculture (agricultura de reposo) Técnica de arado que involucra la creación de surcos, lo cual resulta en una perturbación mínima del suelo.

notochord (notocorda) Tubo longitudinal, flexible, compuesto por células mesodermales empaquetadas que corre a lo largo del eje antero-posterior del cuerpo de un cordado en la parte dorsal del cuerpo.

nuclear envelope (envoltura nuclear) Membrana doble en una célula eucariota, que separa al núcleo del resto del citoplasma.

nuclear lamina (lámina nuclear) Red de filamentos proteicos que recubre la superficie interior de la envoltura nuclear; ayuda a mantener la forma del núcleo.

nucleariid (nucleárido) Miembro de un grupo de protistas unicelulares, ameboideas, relacionados más cercanamente con los hongos que con otros protistas.

nuclease (nucleasa) Enzima que corta al ADN o ARN, ya sea removiendo una o unas pocas bases, o hidrolizando el AND o ARN completamente hasta sus componentes nucleotídicos.

nucleic acid (ácido nucleico) Polímero (polinucleótido) que consiste en numerosos monómeros nucleótidos. Funciona como modelo para las proteínas y, a través de las funciones de las mismas, como modelo para todas las actividades celulares. Dos tipos de ácidos nucleicos son el ADN y ARN.

nucleic acid hybridization (hibridización de ácidos nucleicos) Proceso de apareamiento de bases entre un gen y una secuencia complementaria sobre otra molécula de ácido nucleico.

nucleic acid probe (sonda de ácido nucleico) En tecnología de ADN, es una molécula de hebra simple de ácido nucleico de hebra simple que se utiliza como rótulo para un secuencia nucleotídica específica en una muestra de ácido nucleico. Las moléculas de sonda se unen por puentes de hidrógeno a la secuencia complementaria donde sea que ésta ocurra. La radiactividad u otra etiqueta de la sonda permiten detectar su localización.

nucleoid (nucleoide) Región densa de ADN en una célula procariota.

nucleoid region (región nucleoide) Región de una célula procariótica que consiste en una masa concentrada de ADN.

nucleolus (plural, nucleoli) (nucleolo) Estructura especializada del núcleo, que consiste en regiones de cromatina que contiene genes ARN ribosomales junto con proteínas ribosomales importadas de la region citoplasmática de síntesis de ARN y de ensamblaje de subunidades ribosomales. **Ver también** *ribosome* (ribosoma).

nucleosome (nucleosoma) Unidad básica, similar a una cuenta de collar, de empaquetamiento del ADN en los eucariotas que consiste en un segmento de ADN ovillado alrededor de una proteína central compuesta por dos copias de cada uno de cuatro tipos de histonas.

nucleotide (nucleótido) Bloque de construcción de un ácido nucleico que consiste en un azúcar de cinco carbonos unido covalentemente a una base nitrogenada y a un grupo fosfato.

nucleotide excision repair (reparación por escisión de nucleótido) Proceso remover y reemplazar correctamente un segmento dañado de ADN por medio de la utilización de la hebra no dañada como guía.

nucleus (núcleo) 1) Parte central de un átomo que contiene protones y neutrones. 2) Organela que contiene los cromosomas en una célula eucariota. 3) Grupo de neuronas.

nutrition (nutrición) Proceso por el cual un organismo incorpora y hace uso de sustancias alimenticias.

obligate aerobe (aerobio obligado) Organismo que requiere de oxígeno para llevar a cabo la respiración celular y que no puede vivir sin él.

obligate anaerobe (anaerobio obligado) Organismo que desarrolla solo fermentación o respiración anaeróbica. Dichos organismos no pueden utilizar el oxígeno, que en efecto es tóxico.

oceanic pelagic biome (bioma pelágico oceánico) La mayor parte de las aguas oceánicas lejanas de la costa, mezcladas constantemente por las corrientes oceánicas.

odorant (odorante) Molécula que puede ser detectada por los receptores sensoriales del sistema olfativo.

Okazaki fragment (fragmento de Okazaki) Pequeño segmento de ADN sintetizado a partir de un punto de replicación sobre una hebra templete durante la replicación del ADN. Muchos fragmentos de Okazaki se unen entre sí y forman la hebra *lagging* del nuevo ADN sintetizado.

olfaction (olfacción) Sentido del olfato.

oligodendrocyte (oligodendrocito) Célula glial que forma vainas aislantes de mielina alrededor de los axones de las neuronas en el sistema nervioso central.

oligotrophic lake (lago oligotrófico) Lago profundo, claro, pobre en nutrientes, rico en oxígeno con poco fitoplancton.

ommatidium (omatidio) Cada una de las facetas del ojo compuesto de los artrópodos y de algunos gusanos poliquetos.

omnivore (omnívoro) Animal heterótrofo que consume tanto carne como materia vegetal.

oncogene (oncogen) Gen que se encuentra en los virus o como parte del genoma normal, involucrado en iniciar ciertos eventos moleculares que conducen al cáncer.

oocyte (ovocito) Célula del sistema reproductor femenino que se diferencia para dar origen a una célula huevo.

oogenesis (oogénesis) Proceso que se lleva a cabo en el ovario y que resulta en la producción de gametas femeninas.

oogonium (ovogonia) Célula que se divide mitóticamente para formar ovocitos.

oomycete (oomicete) Protista con células flageladas, como por ejemplo mohos acuáticos, que se nutre principalmente como descompositor o parásito de las plantas.

open circulatory system (sistema circulatorio abierto) Sistema circulatorio en el que el fluido denominado hemolinfa baña los tejidos y órganos directamente y no existe distinción entre el fluido circulante y el intersticial.

operant conditioning (condicionamiento operante) Tipo de aprendizaje asociativo por el cual un animal aprende a asociar alguno de sus propios comportamientos con un premio o un castigo y entonces tiende a repetir o a evitar dicho comportamiento. También se lo denomina aprendizaje por prueba y error.

operator (operador) En el ADN bacteriano, secuencia de nucleótidos cerca del inicio de un operón al que se puede unir un represor activo. La unión del represor impide que la ARN polimerasa se una al promotor y transcriba los genes del operón.

operculum (opérculo) En osteictios acuáticos, tapa protectora que cubre y protege las branquias de los peces.

operon (operón) Unidad de función genética común en bacterias y fagos que consiste en un promotor, operador y un conjunto de genes coordinados consistentemente con funciones relacionadas.

opisthokont (opistoconto) Miembro del clado Opisthokonta, organismos que descienden de un ancestro con un flagelo posterior, incluidos hongos, animales y ciertos protistas.

opposable thumb (pulgar oponible) Disposición de los dedos tal que el pulgar puede tocar la superficie ventral de las yemas de los otros cuatro dedos.

opsin (opsina) Proteína de membrana unida a una molécula de pigmento captadora de luz.

optic chiasm (quiasma óptico) Disposición de los nervios del ojo tal que las sensaciones visuales provenientes del campo visual izquierdo de ambos ojos son transmitidas al lado derecho del cerebro y las sensaciones provenientes del campo visual derecho de ambos ojos son transmitidas al lado izquierdo del cerebro.

optimal foraging theory (teoría del forrageo óptimo) Base para el análisis del comportamiento como un compromiso de alimentar costos versus alimentar beneficios.

oral cavity (cavidad oral) Boca de un animal.

orbital (orbital) Espacio tridimensional en el que un electrón se encuentra el 90% del tiempo.

order (orden) En clasificación de los organismos, categoría taxonómica por encima de familia.

organ (órgano) Centro de función corporal especializado compuesto por varios tipos diferentes de tejidos.

organ identity gene (gen de identidad de órgano) Gen homeótico en plantas que utiliza información posicional para determinar cuáles de las hojas emergentes se desarrollan como diferentes órganos florales.

organ de Corti (órgano de Corti) Órgano de la audición del oído de los vertebrados, localizado sobre el piso del canal coclear en el oído interno. Contiene las células receptoras (células velludas) del oído.

organ system (sistema de órganos) Grupo de órganos que trabajan juntos en el desarrollo de las funciones vitales del cuerpo.

organelle (organela) Uno de los muchos cuerpos con funciones especializadas suspendidos en el citoplasma de las células eucariotas.

organic chemistry (química orgánica) Estudio de los compuestos de carbono (compuestos orgánicos).

organismal ecology (ecología de organismos) Rama de la ecología que se ocupa de los modos morfológicos, fisiológicos y de comportamiento en los que los organismos individuales enfrentan los desafíos que ofrecen los ambientes bióticos y abióticos.

organogenesis (organogénesis) Proceso por el cual rudimentos de órganos se desarrollan a partir de las tres capas germinales, después de la gastrulación.

orgasm (orgasmo) Contracciones rítmicas, involuntarias de ciertas estructuras reproductivas en ambos sexos durante el ciclo de respuesta sexual humana.

origin of replication (origen de replicación) Sitio donde se inicia la replicación de una molécula de ADN, y que consiste en una secuencia específica de nucleótidos.

orthologous genes (genes ortólogos) Genes homólogos que se encuentran en diferentes especies como consecuencia de la especiación.

osculum (ósculo) En una esponja, abertura de gran tamaño que conecta el atrio o espongocele con el medio ambiente.

osmoconformer (osmoconformista) Animal isoosmótico con respecto al ambiente.

osmolarity (osmolaridad) Concentración de soluto expresada como molaridad.

osmoregulation (osmorregulación) Regulación de la concentración de solutos y del balance de agua por una célula o un organismo.

osmoregulator (osmorregulador) Animal que controla su osmolaridad interna independientemente del ambiente externo.

osmosis (ósmosis) Difusión de agua a través de una membrana selectivamente permeable.

osmotic potential (potencial osmótico) Componente del potencial de agua que es proporcional al número de moléculas de soluto disueltas en una solución y mide el efecto de los solutos sobre la dirección de movimiento del agua. También se lo llama potencial de soluto y puede ser cero o un valor negativo.

osteichthyan (osteictio) Miembro de un subgrupo de vertebrados con mandíbulas y esqueletos óseos en su mayoría.

outer ear (oído externo) Una de las tres regiones principales del oído en los reptiles, aves y mamíferos. Consiste en el canal auditivo y, en muchas aves y mamíferos, la pinna (pabellón, oreja).

outgroup (exogrupo) Especie o grupo de especies descendientes de un linaje evolutivo que se sabe ha divergido antes que el linaje que contiene al grupo de especies estudiadas. Un exogrupo es seleccionado de forma tal que sus miembros están relacionados muy cercanamente al grupo de especies estudiadas, pero no tan cercanamente como lo están los miembros del grupo estudiado entre sí.

oval window (ventana oval) En el oído de los vertebrados, orificio cubierto por una membrana en el hueso del cráneo a través del cual pasan las ondas sonoras desde el oído medio al oído interno.

ovarian cycle (ciclo ovárico) Recurrencia cíclica de la fase folicular, ovulación y fase lútea en el ovario de los mamíferos, regulada por hormonas.

ovary (ovario) (1) En las flores, porción del carpelo en el que se desarrollan los óvulos que contienen huevos. (2) En los animales, estructura que produce gametas femeninas y hormonas reproductivas.

overnourishment (sobrealimentación) Consumo de más calorías que las que el cuerpo necesita para un metabolismo normal.

oviduct (oviducto) Tubo que se extiende desde el ovario hasta la vagina en los invertebrados o hasta el útero en los vertebrados; en este ultimo caso se lo conoce también como trompa de Falopio.

oviparous (ovíparo) Se refiere a un tipo de desarrollo sarrollo en el que los crías nacen de huevos depositados fuera del cuerpo de la madre.

ovoviviparous (ovovivíparo) Se refiere a un tipo de desarrollo en el que las crías nacen de huevos que se retienen dentro del útero de la madre.

ovulation (ovulación) Liberación de un huevo desde los ovarios. En los humanos, un folículo ovárico libera un huevo durante cada ciclo uterino (menstrual).

ovule (óvulo) Estructura que se desarrolla en el ovario de una planta y contiene el gametofito femenino.

oxidation (oxidación) Pérdida de electrones de una sustancia envuelta en una reacción de oxidorreducción.

oxidative phosphorylation (fosforilación oxidativa) Producción de ATP utilizando la energía derivada de las reacciones redox de una cadena transportadora de electrones; tercera de las etapas principales de la respiración celular.

oxidizing agent (agente oxidante) Aceptor de electrones en una reacción redox.

oxytocin (occitocina) Hormona producida por el hipotálamo y liberada por la pituitaria posterior. Induce contracciones en los músculos del útero y provoca en las glándulas mamarias la eyección de leche durante el amamantamiento.

P generation (generación P) Progenitores de una cría en los estudios de herencia; P proviene de "progenitor".

P site (sitio P) Uno de los tres sitios de unión para el ARNt durante la traducción. Aloja al ARNt que transporta la cadena polipeptídica en crecimiento. (P proviene de peptidil ARNt)

p53 gene (gen p53) Gen supresor de tumores que codifica para factores de transcripción específicos que promueven la síntesis de proteínas celulares inhibidoras de ciclina.

paedomorphosis (pedomorfosis) Retención en un organismo adulto de los caracteres juveniles de sus antecesores evolutivos.

pain receptor (receptor del dolor) Clase de interorreceptores que detectan el dolor. También se lo llama nociceptor.

paleoanthropology (paleoantropología) Estudio de los orígenes del hombre y de su evolución.

paleontology (paleontología) Estudio científico de los fósiles.

pancreas (páncreas) Glándula con función doble: La porción no endocrina funciona en la digestion, secretando enzimas y una solución alcalina en el intestino delgado a través de un conducto. La porción endocrina sin conducto funciona en la homeostasis, secretando las hormonas insulina y glucagon a la sangre.

pandemic (pandémico) Epidemia global.

Pangaea (Pangea) Supercontinente formado cerca del final de la era Paleozoica cuando los movimientos de las placas aproximaron unas a otras las masas terrestres de la Tierra.

parabasalid (parabasálidos) Protista, como por ejemplo una tricomónada, que posee mitocondrias modificadas.

paracrine (paracrina) Propiedad que posee una proteína de secreción que se une a una célula vecina.

paralogous genes (genes parálogos) Genes homólogos que se encuentran en el mismo genoma debido a la duplicación de los genes.

paraphyletic (parafilético) Grupo de especies que comparten una especie ancestral que comparten un ancestro común y algunos, pero no todos, sus descendientes.

parareptile (parareptil) El primer grupo importante de reptiles que emergió durante la evolución, la mayoría de ellos grandes herbívoros cuadrúpedos. Desaparecieron en el periodo Triásico tardío.

parasite (parásito) Organismo que se alimenta de constituyentes celulares, tejidos, o fluidos del cuerpo del hospedador mientras se mantiene dentro o fuera de ese organismo. Los parásitos dañan a su hospedador, sin matarlo.

parasitism (parasitismo) Relación simbiótica en la cual el simbionte (parásito) se beneficia del hospedador al vivir ya sea dentro de él o fuera del mismo.

parasympathetic division (división parasimpática) Una de las tres divisiones del sistema nervioso autónomo. Generalmente realza las actividades corporales que ganan y conservan energía, tales como la digestión y el ritmo cardíaco reducido.

parathyroid gland (glándula paratiroidea) Cada una de cuatro pequeñas glándulas endocrinas, incrustadas en la superficie de la glándula tiroidea que secretan hormona paratiroidea.

parathyroid hormone (PTH) (hormona paratiroidea, HPT) Hormona secretada por las glándulas paratiroideas que eleva los niveles de calcio de la sangre incrementando la liberación de calcio del hueso y del calcio retenido en los riñones.

parenchyma cell (célula parenquimatosa) Célula vegetal relativamente no especializada que lleva a cabo casi todo el metabolismo, sintetiza y almacena productos orgánicos y se desarrolla como un tipo celular más diferenciado.

parental type (tipo parental) Cría cuyo fenotipo coincide con uno de los fenotipos de los progenitores; también hace referencia al fenotipo por sí mismo.

Parkinson's disease (enfermedad de Parkinson) Desorden motor causado por un daño progresivo del cerebro y caracterizado por dificultad en iniciar movimientos, lentitud en el movimiento y rigidez.

parthenogenesis (partenogénesis) Tipo de reproducción en la cual las hembras producen crías a partir de huevos no fertilizados.

partial pressure (presión parcial) Medida de la concentración de un gas en una mezcla de gases. Presión ejercida por un gas particular en una mezcla de gases (por ejemplo, la presión ejercida por el oxígeno en el aire).

passive immunity (inmunidad pasiva) Inmunidad temporaria que se obtiene por medio de la transferencia de anticuerpos, como ocurre durante la transferencia de anticuerpos maternos al feto o al recién nacido en lactancia.

passive transport (transporte pasivo) Difusión de una sustancia a través de una membrana biológica sin gasto de energía.

pattern formation (formación de diseño) Desarrollo de la organización espacial de un organismo multicelular; distribución de órganos y tejidos en sus lugares característicos en el espacio tridimensional.

peat (turba) Depósitos extensos de materia orgánica sin descomponer formados principalmente por el musgo *Sphagnum*.

pedigree (pedigrí) Diagrama de un árbol genealógico que describe la aparición de ciertos caracteres heredables en los progenitores y descendencia a lo largo de tantas generaciones como sea posible conocer.

pelagic zone (zona pelágica) Área del océano más allá de la plataforma continental, con zonas de aguas abiertas que a menudo alcanzan las mayores profundidades.

penis (pene) Estructura copulatoria de los mamíferos machos.

PEP carboxylase (PEP carboxilasa) Enzima que añade dióxido de carbono al fosfoenolpiruvato

(PEP) para obtener oxalacetato en las plantas C_4. Funciona antes de la fotosíntesis.

pepsinogen (pepsinógeno) Forma inactiva de la pepsina secretada primeramente por células especializadas (células jefe) localizadas en las fozas gástricas del estómago.

peptide bond (enlace peptídico) Enlace covalente entre el grupo carboxilo de un aminoácido y el grupo amino del aminoácido siguiente, formado por medio de una reacción de deshidratación.

peptidoglycan (peptidoglicano) Tipo de polímero en las paredes de las células bacterianas que consiste en azúcares modificados entrecruzados con polipéptidos cortos.

perception (percepción) Interpretación de las sensaciones por medio del cerebro.

perennial (perenne) Planta con flores que vive durante muchos años.

pericycle (periciclo) La capa más externa del cilindro vascular de una raíz donde se originan las raíces laterales.

periderm (peridermo) Cubierta protectora que reemplaza a la epidermis en las plantas durante el crecimiento secundario, formada por el corcho y el cambium del corcho.

peripheral nervous system (PNS) (sistema nervioso periférico, SNP) Neuronas sensitivas y motoras que conectan con el sistema nervioso central.

peripheral protein (proteína periférica) Proteína unida laxamente a la superficie de la membrana o parte de una proteína integral no embebida en la bicapa lipídica.

peristalsis (peristalsis) (1) Ondas alternadas de contracción y relajación del músculo liso que constituye el canal alimentario y que empuja la comida a lo largo del canal. (2) Tipo de movimiento sobre la tierra producido por ondas rítmicas de contracciones musculares que pasan del frente a la parte posterior como en muchos anélidos.

peristome (peristoma) Anillo de estructuras dentarias entrelazadas en la parte superior de la cápsula de un musgo (esporangio), especializada a menudo en la descarga gradual de las esporas.

peritubular capillary (capilar peritubular) Red de pequeños vasos sanguíneos que rodean los túbulos proximal y distal en el riñón.

permafrost (*permafrost*) Estrato del suelo permanentemente congelado.

peroxisome (peroxisoma) Organela que contiene enzimas que transfieren hidrógeno (H_2) desde diversos sustratos hasta el oxígeno (O_2), produciendo y luego degradando peróxido de hidrógeno (H_2O_2).

petal (pétalo) Hoja modificada de una planta con flores. Los pétalos son a menudo partes de una flor coloreadas que la anuncian a los insectos y otros polinizadores.

petiole (pecíolo) Tallo de una hoja que la une a un nodo del vástago.

pH (pH) Medida de la concentración de iones hidrógeno igual a $-\log[H^+]$ y que varía entre 0 y 14.

phage (fago) Virus que infecta bacterias. También se lo llama bacteriófago.

phagocytosis (fagocitosis) Tipo de endocitosis que involucra la incorporación en la célula de sustancias particuladas de gran tamaño. Es llevada a cabo principalmente por algunos protistas y ciertas células inmunes de los animales (en mamíferos, principalmente en macrófagos, neutrófilos y células dendríticas).

pharyngeal clefts (hendiduras faríngeas) En los embriones de cordados, surcos que separan una serie de bolsillos a lo largo de los lados de la faringe y que pueden desarrollarse como aperturas faríngeas.

pharyngeal slit (apertura faríngea) En los embriones de cordados, aperturas que se forman a partir de las hendiduras faríngeas y comunican con el exterior, desarrollándose más tarde como aberturas branquiales en muchos vertebrados.

pharynx (faringe) (1) Área en la garganta de un vertebrado donde se cruzan las vías para el aire y la comida. (2) En los gusanos planos, tubo muscular que protruye desde la cara ventral del gusano y termina en la boca.

phase change (cambio de fase) Cambio desde una fase del desarrollo a otra.

phenotype (fenotipo) Caracteres físicos y fisiológicos de un organismo, determinados por su contenido genético.

pheromone (feromona) En animales y hongos, molécula pequeña liberada al ambiente, que participa en la comunicación entre miembros de una misma especie. En los animales, funciona de manera similar a una hormona en cuanto a su influencia sobre la fisiología y el comportamiento.

phloem (floema) Tejido vascular en las plantas que consiste en células vivas dispuestas en tubos elongados que transportan azúcares y otros nutrientes orgánicos a través de la planta.

phloem sap (savia del floema) Solución rica en azúcares, transportada por los tubos del floema.

phosphate group (grupo fosfato) Grupo químico compuesto por un átomo de fósforo unido a cuatro átomos de oxígeno; importante en la transferencia de energía.

phospholipid (fosfolípido) Lípido compuesto por glicerol unido a dos ácidos grasos y a un grupo fosfato. Las cadenas hidrocarbonadas de los ácidos grasos funcionan como una cola no polar, hidrofóbica, mientras que el resto de la molécula funciona como una cabeza polar, hidrofílica. Los fosfolípidos forman bicapas que funcionan como membranas biológicas.

phosphorylated (fosforilado) Referido a una molécula que está unida covalentemente a un grupo fosfato.

photic zone (zona fótica) Porción delgada superior del océano o de un lago, donde la luz penetra lo suficiente como para que pueda ocurrir la fotosíntesis.

photoautotroph (fotoautótrofo) Organismo que acumula energía lumínica para conducir la síntesis de compuestos orgánicos a partir del dióxido de carbono.

photoheterotroph (fotoheterótrofo) Organismo que utiliza la luz para generar ATP pero que debe obtener carbono en forma orgánica.

photomorphogenesis (fotomorfogénesis) Efectos de la luz sobre la morfología de las plantas.

photon (fotón) Cuanto, o cantidad discreta de energía lumínica que se comporta como si fuera una partícula.

photoperiodism (fotoperiodismo) Respuesta fisiológica al fotoperíodo, duraciones relativas de la noche y el día. Un ejemplo de fotoperiodismo es la floración.

photophosphorylation (fotofosforilación) Proceso de generación de ATP a partir de ADP y fosfato por medio de una fuerza motriz de protones generada por la membrana tilacoidea del cloroplasto o las membranas de ciertos procariotas durante las reacciones luminosas de la fotosíntesis.

photoreceptor (fotorreceptor) Receptor electromagnético que detecta la radiación conocida como luz visible.

photorespiration (fotorrespiración) Ruta metabólica que consume oxígeno y ATP, libera dióxido de carbono, y disminuye el rendimiento de la fotosíntesis. Generalmente ocurre en los días calurosos, secos y brillantes, cuando las estomas se cierran y la concentración de oxígeno en la hoja excede la del dióxido de carbono.

photosynthesis (fotosíntesis) Conversión de la energía lumínica en energía química que es almacenada como glucosa y otros compuestos orgánicos. Tiene lugar en las plantas, algas y ciertos procariotas.

photosystem (fotosistema) Unidad colectora de luz localizada en la membrana tilacoidea del cloroplasto y que consiste una reacción central rodeada por numerosos complejos colectores de luz. Hay dos tipos de fotosistemas, I y II. Cada uno absorbe mejor la luz a diferentes longitudes de onda.

photosystem I (fotosistema I) Una de las dos unidades colectoras de luz de la membrana tilacoidea de un cloroplasto. Tiene dos moléculas de clorofila a P700 como centro de reacción.

photosystem II (fotosistema II) Una de las dos unidades colectoras de luz de la membrana tilacoidea de un cloroplasto. Tiene dos moléculas de clorofila a P680 como centro de reacción.

phototropism (fototropismo) Crecimiento del vástago de una planta hacia o en contra de la luz.

phragmoplast (fragmoplasto) Alineación de los elementos del citoesqueleto y vesículas derivadas del Golgi, a lo largo de la línea media de una célula vegetal en division.

phyllotaxy (filotaxia) Disposición de las hojas en el vástago de una planta.

PhyloCode (Filocódigo) Sistema de clasificación de los organismos basado en relaciones evolutivas. Sólo se enumeran los nombres de los grupos que incluyen a un antecesor común y a todos sus descendientes.

phylogenetic bracketing (ramificación filogenética) Sistema por el cual los caracteres compartidos por dos grupos de organismos se puede predecir (por parsimonia) que estarán presentes en su antecesor común y en todos sus descendientes.

phylogenetic species concept (concepto de especie filogenética) Definición de especie como un grupo de organismos con una única historia genética, es decir, como una misma rama del árbol de la vida.

phylogenetic tree (árbol filogenético) Diagrama con ramificaciones que representa una hipótesis sobre la historia evolutiva de un grupo de organismos.

phylogeny (filogenia) Historia evolutiva de una especie o grupo de especies relacionadas.

phylum (filo; en plural, **phyla,** fila) En la clasificación de los organismos, categoría taxonómica por encima de Clase.

physical map (mapa físico) Mapa genético en el cual las distancias físicas reales entre los genes y otros marcadores genéticos se expresan generalmente en términos de número de pares de bases a lo largo del ADN.

physiology (fisiología) Estudio de los procesos y funciones de un organismo.

phytochrome (fitocromo) Tipo de receptores de la luz en plantas. Absorben principalmente luz roja y regulan muchas respuestas de las plantas, incluidas la germinación de la semilla y el evitar la sombra.

phytoremediation (fitorremediación) Tecnología nueva, no destructiva, que busca recuperar con bajos costos áreas contaminadas tomando ventaja de la notable habilidad de algunas especies vegetales de extraer metales pesados y otros contaminantes del suelo y de concentrarlos en las partes fácilmente cosechables de la planta.

pineal gland (glándula pineal) Pequeña glándula endocrina sobre la superficie dorsal del cerebro anterior de los vertebrados que secreta la hormona melatonina.

pinocytosis (pinocitosis) Tipo de endocitosis por la cual una célula ingiere fluido extracelular y solutos disueltos.

pistil (pistilo) Carpelo único o grupo de carpelos fusionados.

pith (médula) Tejido fundamental interior a los haces vasculares en el tallo; en las raíces de muchas monocotiledóneas, células del parénquima que forman el centro del cilindro vascular.

pituitary gland (glándula pituitaria) Glándula endocrina situada en la base del hipotálamo. Consiste en un lóbulo posterior (neurohipófisis) el cual almacena y libera dos hormonas producidas por el hipotálamo y un lóbulo anterior (adenohipófisis) que produce y secreta numerosas hormonas que regulan diversas funciones del cuerpo.

placenta (placenta) Estructura del útero preñado que sirve para la nutrición de un feto vivíparo con el aporte de sangre de la madre. Está formada por el tapizado uterino y las membranas embrionarias.

placental transfer cell (célula placentaria de transferencia) Célula vegetal que aumenta la transferencia de nutrientes desde el progenitor al embrión.

placoderm (placodermo) Miembro de una clase extinguida de vertebrados con aspecto de pez que poseían mandíbulas y estaban encerrados en una armadura externa, dura.

planarian (planaria) Gusano plano de vida libre que vive en estanques de aguas no contaminadas y en torrentes.

Plantae (plants) Reino compuesto por eucariotas multicelulares que llevan a cabo fotosíntesis.

plasma (plasma) Matriz líquida de la sangre en la cual están suspendidas las células.

plasma cell (célula del plasma) Célula efectora de la inmunidad humoral que secreta anticuerpos. Deriva de células B estimuladas por antígenos.

plasma membrane (membrana plasmática) Membrana que rodea externamente a cada célula y que actúa como barrera selectiva, regulando así la composición química de la misma.

plasmid (plásmido) Molécula pequeña circular de ADN de doble hebra, que lleva genes accesorios separados de los del cromosoma bacteriano. También se lo encuentra en ciertos eucariotas, tales como las levaduras.

plasmodesma (plural, plasmodesmata) (plasmodesmo) Canal abierto en la pared celular de las plantas a través del cual pasan hilos de citoplasma que conectan los citoplasmas de células adyacentes.

plasmodial slime mold (plasmodio o moho viscoso celular) Tipo de protista que posee, durante su ciclo de vida, células ameboideas, células flageladas y un estadío ameboideo plasmoidal para la alimentación.

plasmodium (plasmodio) Masa simple de citoplasma que contiene muchos núcleos diploides que se forman durante el ciclo de vida de algunos mohos viscosos.

plasmogamy (plasmogamia) Fusión del citoplasma de las células de dos individuos. Se trata de una de las etapas de la singamia.

plasmolysis (plasmólisis) Fenómeno que tiene lugar en células con paredes por el cual el citoplasma se retrae y la membrana plasmática se separa de la pared celular cuando la célula pierde agua en un ambiente hipertónico.

plastid (plástido) Uno de los miembros de la familia de organelas vegetales estrechamente emparentadas entre sí que incluye a los cloroplastos, cromoplastos y amiloplastos (leucoplastos). Se los encuentra en las células de los organismos fotosintéticos.

platelet (plaqueta) Fragmento pequeño de citoplasma desprendido de una célula especializada de la médula ósea. Circulan en la sangre, y son importantes en la coagulación de la sangre.

pleiotropy (pleiotrofía) Habilidad de un gen simple de tener efectos múltiples.

pluripotent (célula pluripotencial) Célula capaz de dar origen a múltiples, o a todas las partes de un organismo.

point mutation (mutación puntual) Cambio en un gen al nivel de un único par de nucleótidos.

polar covalent bond (enlace covalente polar) Tipo de enlace covalente entre átomos con diferente electronegatividad. Los electrones compartidos son atraídos más cerca del átomo más electronegativo, haciéndolo levemente más negativo con respecto al otro átomo, el cual resulta levemente más positivo.

polar molecule (molécula polar) Molécula (por ejemplo, agua) con cargas opuestas sobre lados opuestos.

polarity (polaridad) Falta de simetría. Diferencias estructurales en los extremos opuestos de un organismo o de una estructura, tal como el extremo de la raíz y el extremo del vástago de una planta.

pollen grain (grano de polen) En plantas con semilla, estructura que consiste en el gametofito masculino encerrado en una pared de polen.

pollen tube (tubo de polen) Tubo que se forma después de la germinación del grano de polen y que funciona en el transporte del esperma hasta el óvulo.

pollination (polinización) Transferencia de polen hasta la parte de la semilla de una planta que contiene los óvulos, prerrequisito para la fertilización.

poly(A) tail (cola poli(A)) secuencia que consiste en unos 50 a 250 nuclétidos adenina que se le agregan al extremo 3' de una molécula de pre-ARNm.

polyandry (poliandría) Sistema de apareamiento polígamo que involucra a una hembra y a varios machos.

polygamous (polígamo) Tipo de relación en la cual un individuo de un sexo se aparea con varios del sexo opuesto.

polygenic inheritance (herencia poligénica) Efecto aditivo de uno o más *loci* génicos sobre un mismo carácter fenotípico.

polygyny (poliginia) Sistema de apareamiento polígamo que involucra a un macho y varias hembras.

polymer (polímero) Molécula de gran longitud que consiste en muchos monómeros similares o idénticos unidos unos con otros.

polymerase chain reaction (PCR) (reacción de polimerasa en cadena, RPC) Técnica para amplificar ADN *in vitro* que consiste en la incubación con iniciadores (*primers*) especiales, una ADN polimerasa resistente a la temperatura, y nucleótidos.

polynucleotide (polinucleótido) Polímero que consiste en numerosos monómeros de nucleótidos en una cadena; los nucelótidos pueden ser de ADN o ARN.

polyp (pólipo) Variante sésil del plan corporal de los cnidarios. La forma alternativa es la de medusa.

polypeptide (polipéptido) Polímero (cadena) de muchos aminoácidos unidos entre sí por enlaces peptídicos.

polyphyleti c (polifilético) Relativo a un grupo de especies derivadas de dos o más formas ancestrales diferentes.

polyploidy (poliploidía) Alteración cromosómica en la cual el organismo posee más de dos juegos completos de cromosomas. Es el resultado de un accidente en una división celular.

polyribosome (polysome) (polirribosoma, polisoma) Agregado de varios ribosomas unidos a, y traducidos como una molécula de ARN mensajero.

polysaccharide (polisacárido) Polímero de hasta más de mil monosacáridos, formado por reacciones de deshidratación.

polytomy (politomía) En un árbol filogenético, ramificación a partir de la cual descienden más de dos taxas. Una politomía indica que las relaciones evolutivas entre las taxas descendientes no son claras.

pons (pons) Porción del cerebro que participa en ciertas funciones automáticas, homeostáticas, tales como la regulación de centros de la respiración en la médula.

population (población) Grupo de individuos localizados que pertenecen a una misma especie biológica (que son capaces de entrecruzarse y producir descendencia fértil).

population dynamics (dinámica de poblaciones) Estudio de la manera cómo las interacciones complejas entre factores bióticos y abióticos influyen en el tamaño de una población.

population ecology (ecología de poblaciones) Estudio de las poblaciones en relación con el ambiente, incluyendo influencias ambientales sobre la densidad y distribución de la población, la estructura de edades y las variaciones en el tamaño de la población.

positional information (información posicional) Señales moleculares que controlan la organización de la población en la estructura embrionaria de un animal o una planta, mediante su localización en relación con los ejes del cuerpo del organismo. Estas señales inducen una respuesta genética que regula el desarrollo.

positive feedback (retroalimentación positiva) Mecanismo de control fisiológico en el cual un cambio en alguna variable da inicio a mecanismos para amplificar dicho cambio.

positive pressure breathing (respiración de presión positiva) Sistema de respiración en el cual el aire es forzado hacia dentro de los pulmones.

posterior (posterior) Relativo a la parte trasera, o cola, de un animal con simetría bilateral.

posterior pituitary (pituitaria posterior) También denominada neurohipófisis. Extensión del hipotálamo compuesta por tejido nervioso que secreta oxitocina y hormona antidiurética fabricadas en el hipotálamo. Sitio de almacenamiento temporal para estas hormonas.

postsynaptic cell (célula postsináptica) Célula blanco en una sinapsis.

postzygotic barrier (barrera postcigótica) Barrera reproductiva que previene que los cigotos híbridos producidos a partir de dos especies diferentes se desarrollen como adultos viables, fértiles.

potential energy (energía potencial) Energía que la materia posee como resultado de su ubicación o de su arreglo espacial (estructura).

predation (predación) Interacción entre especies en la cual una de las especies, el predador, se alimenta de la otra, la presa.

pregnancy (embarazo) Condición en la cual se llevan uno o más embriones en el útero.

preprophase band (banda preprofásica) Microtúbulos en la corteza (citoplasma externo) de una célula concentrados como un anillo.

prepuce (prepucio) Pliegue en la piel que cubre la cabeza del clítoris y del pene.

pressure potential (cp) (potencial de presión, (cp)) Componente del potencial agua que consiste en la presión física de una solución, la cual puede ser positiva, cero o negativa.

presynaptic cell (célula presináptica) Célula transmisora en una sinapsis.

prezygotic barrier (barrera precigótica) Barrera reproductiva que impide el apareamiento entre especies u obstruye la fertilización del óvulo en el caso en que el apareamiento interespecífico se intente.

primary cell wall (pared celular primaria) Capa relativamente delgada y flexible segregada al principio por una célula vegetal joven.

primary consumer (consumidor primario) Herbívoro. Organismo perteneciente al nivel trófico de un ecosistema que se alimenta de plantas o algas.

primary electron acceptor (aceptor primario de electrones) En la membrana tilacoide de un cloroplasto, o en la membrana de algunos procariotas, molécula especializada que comparte el complejo del centro de reacción con un par de moléculas de clorofila *a* y que acepta un electrón proveniente de este par especial.

primary growth (crecimiento primario) Crecimien.to producido por meristemas apicales, los cuales alargan tallos y raíces.

primary immune response (respuesta inmune primaria) Respuesta inmune inicial a un antígeno, la cual aparece después de un período de 10 a 17 días.

primary oocyte (oocito primario) Oocito en el estado anterior a la finalización de la meiosis I.

primary plant body (cuerpo vegetal primario) Tejidos producidos por meristemas apicales, los cuales alargan tallos y raíces.

primary producer (productor primario) Autótrofo, generalmente organismo fotosintético. Colectivamente, los autótrofos representan el nivel trófico de un ecosistema que últimamente soporta a todos los demás niveles.

primary production (producción primaria) Cantidad de energía luminosa convertida en energía química (compuestos orgánicos) por los autótrofos en un ecosistema durante un período determinado de tiempo.

primary structure (estructura primaria) Nivel de estructura de una proteína que hace referencia a la secuencia específica de aminoácidos.

primary succession (sucesión primaria) Tipo de sucesión ecológica que ocurre en virtualmente todas las áreas de la vida salvaje, donde originalmente no había organismos y donde el suelo no se había formado aún.

primary transcript (transcripto primario) Transcripto inicial de ARN. También denominado pre-ARNm cuando ha sido transcrito a partir de un gen codificante para una proteína.

primary visual cortex (corteza visual primaria) Destino en el lóbulo occipital del cerebro para la mayoría de los axones de los núcleos geniculados laterales.

primase (primasa) Enzima que une nucleótidos de ARN para fabricar un iniciador (o *primer*) a partir de una hebra templete de ADN.

primer (iniciador o *primer*) Polinucleótido corto con un extremo 3' libre, unido a una hebra templete por medio del apareamiento complementario de bases y que es elongado con nucleótidos de ADN durante la replicación del ADN.

primitive streak (rayo primitivo) Engrosamiento a lo largo del futuro eje antero-posterior sobre la superficie de un embrión de ave o mamífero temprano, originado a partir de un agregado de células que se congregan en la línea media antes de moverse hacia dentro del embrión.

prion (prión) Agente infeccioso que se origina como versión malformada en el plegamiento de una proteína celular normal. Los priones parecen aumentar en número al convertir versiones plegadas de la proteína en más priones.

problem solving (resolución de problemas) Actividad cognitiva de desarrollo de un método para proceder de un estado a otro al enfrentar obstáculos reales o aparentes.

producer (productor) Organismo que produce compuestos orgánicos a partir de CO_2 a partir de la recolección de energía lumínica (en la fotosíntesis) o por oxidación de compuestos químicos inorgánicos (en las reacciones quimiosintéticas llevadas a cabo por algunos procariotas).

product (producto) Materia final en una reacción química.

production efficiency (eficiencia productiva) Porcentaje de energía almacenada en el alimento que no es utilizado en la respiración ni eliminado como desperdicio.

progesterone (progesterona) Hormona esteroidea que prepara al útero para el embarazo; progestina más abundante en los mamíferos.

progestin (progestina) Cualquiera de los miembros de la familia de hormonas esteroideas con actividad de progesterona.

progymnosperm (progimnosperma) Grupo extinguido de plantas, probablemente el ancestro de las plantas con semillas.

prokaryotic cell (célula procariota) Tipo de célula que carece de un núcleo incluido en una membrana y de organelas rodeadas por membrana. Los organismos con células procariotas (Bacteria y Archaea) también se conocen como procariotas.

prolactin (PRL) (prolactina) Hormona producida y secretada por la pituitaria anterior con una gran diversidad de efectos en diferentes especies de vertebrados. En mamíferos, estimula el crecimiento y la producción de las glándulas mamarias.

proliferative phase (fase proliferativa) Porción del ciclo uterino (menstrual) en la que se regenera y engrosa el endometrio.

prometaphase (prometafase) Segunda subfase de la mitosis, en la cual aparecen cromosomas discretos que consisten en cromátidas hermanas idénticas, la envoltura nuclear se fragmenta y los microtúbulos del huso se unen a los cinetocoros de los cromosomas.

promiscuous (promiscuo) Tipo de relación en la que el apareamiento ocurre sin ningún lazo de unión fuerte o sin relaciones duraderas.

promoter (promotor) Secuencia nucleotídica específica en el ADN que se une a la ARN polimerasa y le indica dónde comenzar a transcribir el ARN.

prophage (profago) Genoma de un fago que ha sido insertado en un sitio específico de un cromosoma bacteriano.

prophase (profase) Primera etapa de la mitosis, en la cual la cromatina se condensa y el huso mitótico comienza a formarse, pero el nucleolo y el núcleo todavía están intactos.

prostaglandin (PG) (prostaglandina, PG) Uno de los miembros del grupo de ácidos grasos modificados secretados por casi todos los tejidos. Llevan a cabo una gran variedad de funciones como mensajeros.

prostate gland (glándula prostática) Glándula en los machos humanos que segrega un neutralizador de ácidos componentes del semen.

protease (proteasa) Enzima que digiere proteínas por hidrólisis.

proteasome (proteasoma) Complejo proteico gigante que reconoce y destruye proteínas marcadas para la eliminación con la pequeña proteína ubiquitina.

protein (proteína) Molécula biológica funcional que consiste en uno o más polipéptidos plegados y enrollados para formar una estructura tridimensional específica.

protein kinase (proteína quinasa) Enzima que transfiere grupos fosfato a una proteína a partir del ATP, fosforilando de esta manera a la proteína.

protein phosphatase (proteína fosfatasa) Enzima que remueve grupos fosfato (defosforila) de las proteínas, a menudo como contraposición al efecto de una proteína quinasa.

proteoglycan (proteoglicano) Glicoproteína que consiste en una pequeña proteína central con numerosas cadenas de carbohidratos, y que se encuentra en la matriz extracelular de las células animales. Un proteoglicano puede consistir en hasta un 95% de carbohidratos.

proteomics (proteomía) Estudio sistemático del conjunto de proteínas (proteoma) codificado por el genoma.

protist (protista) Término informal aplicado a todo eucariota que no es una planta, animal u hongo. La mayoría de los protistas son unicelulares, aunque algunos son coloniales o multicelulares.

protobiont (protobionte) Agregado de moléculas producidas abióticamente, rodeadas por una membrana o estructura del aspecto de una membrana.

proton (protón) Partícula subatómica con una única carga eléctrica positiva que se encuentra en el núcleo de un átomo.

proton pump (bomba de protones) Mecanismo de transporte activo en las membranas celulares que consume ATP para forzar a los iones hidrógeno fuera de una célula y, durante ese proceso, generar un potencial de membrana.

protonema (protonema) Masa de filamentos verdes, ramificados, de una célula de espesor, producido por esporas de musgos en germinación.

protonephridia (protonefridios, en singular, **protonefridium**, protonefridio) Sistema excretor que consiste en una red de túbulos cerrados con aberturas externas denominadas nefridioporos y carentes de aberturas internas.

proton-motive force (fuerza motriz de pro.tos.to.ma.do) Energía potencial almacenada bajo la forma de un gradiente electroquímico, generada por el bombeo de iones hidrógeno a través de las membranas biológicas durante la quimiósmosis.

proto-oncogene (proto-oncogen) Gen normal celular con el potencial de transformarse en un oncogen.

protoplast fusion (fusión de protoplastos) Fusión de dos protoplastos provenientes de plantas de especies diferentes que de otra manera serían reproductivamente incompatibles.

protostome development (desarrollo protostomado) En animales, tipo de desarrollo que se distingue por la formación de una boca a partir del blastoporo; a menudo también caracterizado por un clivaje en espiral y por la formación de la cavidad del cuerpo como separaciones entre masas sólidas de mesodermo.

provirus (provirus) Genoma viral que se inserta permanentemente en el genoma del huésped.

proximal tubule (túbulo proximal) En el riñón de los vertebrados, porción del nefrón inmediatamente después de la cápsula de Bowman, que transporta y ayuda a refinar el filtrado.

proximate causation (causación proximal) Mecanismo de explicación sobre "cómo" un comportamiento (u otro aspecto de la biología de un organismo) ocurre mecanísticamente o es modificado, es decir, cómo un estímulo origina un comportamiento, cuáles son los mecanismos fisiológicos que median esa respuesta, y cómo la experiencia influye sobre la respuesta.

pseudocoelomate (pseudocelomado) Animal cuya cavidad corporal no está completamente revestida por el mesodermo.

pseudogene (pseudogen) Segmento de ADN muy similar a un gen real pero que no rinde un producto funcional. Gen que se ha inactivado en una especie determinada debido a una mutación.

pseudopodium (plural, **pseudopodia**) (pseudópodo) Extensión celular en las células ameboideas usadas para el movimiento y la alimentación.

pteridophyte (pteridófita) Nombre informal que reciben un miembro del filo Pterophyta, que incluye helechos, licopodios, equisetos y otras especies relacionadas.

pterosaur (pterosaurio) Reptil alado que vivió durante la época de los dinosaurios.

pulmocutaneous circuit (circuito pulmocutáneo) Ruta en la circulación en muchos anfibios que dirige a la sangre hasta la piel y los pulmones.

pulmonary circuit (circuito pulmonar) Rama del sistema circulatorio que suple a los pulmones.

pulse (pulso) Estiramiento rítmico de las paredes de las arterias con cada pulsación del corazón.

punctuated equilibria (equilibrios puntuales) En el registro fósil, largos períodos de aparente tranquilidad (sin cambio), en los que las especies no muestran demasiado cambio morfológico, interrumpidos por períodos relativamente cortos de cambio repentino.

Punnett square (cuadrado de Punnett) Diagrama utilizado en el estudio de la herencia para mostrar los resultados de la fertilización al azar en entrecruzamientos genéticos.

pupil (pupila) Abertura en el iris que posibilita la entrada de la luz al interior del ojo de los vertebrados. Los músculos del iris regulan su tamaño.

purine (purina) Una de los dos tipos de bases nitrogenadas halladas en los nucleótidos, caracterizada por un anillo con seis átomos fusionado a un anillo con cinco átomos. Adenina (A) y guanina (G) son purinas.

pyrimidine (pirimidina) Una de los dos tipos de bases nitrogenadas en nucleótidos, caracterizada por un anillo con seis átomos. Citosina (C), timina (T) y uracilo (U) son pirimidinas.

quantitative character (carácter cuantitativo) Rasgo hereditario que varía continuamente dentro de los límites de un rango y no como modo alternativo.

quaternary structure (estructura cuaternaria) Forma particular de un complejo, agregado proteico, definido por el arreglo tridimensional característico de sus subunidades constituyentes, cada una de ellas un polipéptido.

R plasmid (plásmido R) Plásmido bacteriano que transporta genes que confieren resistencia a ciertos antibióticos.

radial cleavage (clivaje radial) Tipo de desarrollo embrionario en los deuterostomados en el que los planos de división celular que transforman al cigoto en una bola de células están paralelos o bien perpendiculares al eje polar, alineando así hileras de células una por encima de la otra.

radial glia (glía radial) En el embrión, células de sostén que forman guías a lo largo de las cuales las neuronas nuevas migran desde el tubo neural. Pueden actuar también como células originales que originan neuronas y otras células de la glía.

radial symmetry (simetría radial) Caracterización de la forma de un cuerpo como un pastel o barril (que carece de un lado derecho e izquierdo), y que puede ser dividido en mitades iguales pero opuestas por un plano a través de su eje central.

radiation (radiación) Emisión de ondas electromagnéticas por todos los objetos con temperaturas por encima del cero absoluto.

radicle (radícula) Raíz embrionaria de una planta.

radioactive isotope (isótopo radiactivo) Isótopo (forma atómica de un elemento químico) inestable. El núcleo decae espontáneamente, emitiendo partículas detectables y energía.

radiolarian (radiolario) Protista, típicamente marino, con una cubierta y seudopodios que irradian desde el cuerpo central.

radiometric dating (fechado radiométrico) Método utilizado por los paleontólogos para determinar las edades de las rocas y fósiles sobre una escala de tiempo absoluto, basada en la vida media de los isótopos radiactivos.

radula (rádula) Órgano raspador similar a una correa, utilizado por muchos moluscos durante su alimentación.

***ras* gene** (gen *ras*) Gen que codifica para la proteína Ras, una proteína G que transmite una señal de crecimiento desde un receptor de factor de crecimiento en la membrana plasmática hasta una cascada de proteínas quinasas, que resulta finalmente en la estimulación del ciclo celular.

ratite ("ratita", no carenado) Grupo de aves que no vuelan.

ray-finned fish (pez de aletas radiadas) Miembro de la clase Actinopterygii, osteictios acuáticos con aletas sostenidas por rayos delgados y largos, incluidos el atún y el arenque.

reabsorption (reabsorción) En los sistemas excretores, recuperación de solutos y agua a partir del filtrado.

reactant (reactivo) Material iniciador en una reacción química.

reaction center complex (complejo de centro de reacción) Complejo de proteínas asociado con dos moléculas especiales de clorofila *a* y un aceptor primario de electrones. Localizado en el centro de un fotosistema, este complejo inicia las reacciones lumínicas de la fotosíntesis. Al ser excitada por la energía lumínica, una de las clorofilas dona un electrón al aceptor primario de electrones, el que a su vez cede un electrón a una cadena transportadora de electrones.

reading frame (marco de lectura) En un ARNm, agrupamiento triplete de ribonucleótidos utilizado en la maquinaria de traducción durante la síntesis de un polipéptido.

receptacle (receptáculo) Base de una flor. Parte del tallo al que se unen los órganos florales.

receptor potential (potencial de receptor) Respuesta inicial de una célula receptora a un estímulo, y que consiste en un cambio en el voltaje a través de la membrana del receptor proporcional a la magnitud del estímulo. La intensidad del potencial de receptor determina la frecuencia de los potenciales de acción que viajan por el sistema nervioso.

receptor tyrosine kinase (receptor tirosina quinasa) Proteína receptora de la membrana plasmática, cuya porción citoplasmática (intracelular) puede catalizar la transferencia de un grupo fosfato del ATP a la tirosina de otra proteína. Los receptores de tirosina quinasa responden a menudo a la unión de una molécula señal por dimerización y luego fosforilan una tirosina sobre el lado citoplasmático del otro receptor del dímero. Las tirosinas fosforiladas activan otras proteínas transductoras de señales dentro de la célula.

receptor-mediated endocytosis (endocitosis mediada por receptor) Movimiento de moléculas específicas hacia dentro de una célula a partir del plegamiento hacia adentro de vesículas membranosas que contienen proteínas con sitios receptores específicos para las moléculas incorporadas; le permite a una célula incorporar cantidades grandes de sustancias específicas.

recessive allele (alelo recesivo) Alelo cuyo efecto fenotípico no se observa en un heteocigota.

reciprocal altruism (altruismo recíproco) Conducta altruista entre individuos no relacionados, en la que el actual individuo altruista se beneficia en el futuro cuando el beneficiario actual le retribuye.

recombinant chromosome (cromosoma recombinante) Cromosoma creado cuando el *crossing over* combina el ADN de dos padres en un único cromosoma.

recombinant DNA (ADN recombinante) Molécula de ADN fabricada *in vitro* con segmentos de diferentes fuentes.

recombinant type (tipo recombinante) Cría cuyo fenotipo difiere del de los padres; también se refiere al fenotipo por sí mismo.

recruitment (reclutamiento) Proceso de aumentar progresivamente la tensión de un músculo activando cada vez más neuronas motoras controladoras de ese músculo.

rectum (recto) Porción terminal del intestino grueso en la que se almacenan las heces hasta que son eliminadas.

red alga (alga roja) Protista marino fotosintético que contiene el pigmento accesorio ficoeritrina. La mayoría son multicelulares y marinas.

redox reaction (reacción *redox*) Reacción química que involucra la transferencia de uno o más electrones desde un reactivo al otro. También se la llama reacción de oxidorreducción.

reducing agent (agente reductor) Donante de electrones en una reacción redox.

reduction (reducción) Adición de electrones a una sustancia involucrada en una reacción redox.

reflex (reflejo) Reacción automática a un estímulo, mediada por la espina dorsal o el cerebro inferior.

refractory period (período refractario) Período de tiempo muy breve que sigue a un potencial de acción durante el cual la neurona no puede responder a ningún otro estímulo, como consecuencia de la activación de canales de sodio activados por voltaje.

regulator (regulador) Tipo de animal en el cual ciertos mecanismos de homeostasis moderan los cambios internos que se generan frente a fluctuaciones externas.

regulatory gene (gen regulador) Gen que codifica para una proteína, tal como un represor, que controla la transcripción de otro gen o grupo de genes.

reinforcement (refuerzo) Proceso por el cual la selección natural fortalece las barreras precigóticas de reproducción, reduciendo así la formación de híbridos. Este tipo de proceso ocurre solamente si la descendencia híbrida está menos adaptada que los miembros de la generación parental.

relative abundance (abundancia relativa) Diferencias entre la abundancia de las diferentes especies en una comunidad.

relative fitness (ajuste relativo) Contribución de un individuo al *pool* genético de la generación siguiente, en comparación con la contribución de los otros individuos en una población.

renal artery (arteria renal) Vaso sanguíneo que aporta sangre al riñón.

renal cortex (corteza renal) Porción externa del riñón de los vertebrados.

renal medulla (médula renal) Porción interna del riñón de los vertebrados, por debajo de la corteza renal.

renal pelvis (pelvis renal) Cámara con forma de embudo que recibe el filtrado procesado de los tubos colectores del riñón de un vertebrado y que drena en el uréter.

renal vein (vena renal) Vaso sanguíneo que drena del riñón.

renin-angiotensin-aldosterone system (RAAS) (sistema renina-angiotensina-aldosterona, SRAA) Parte de un complejo circuito de retroalimentación que ayuda a regular la presión y el volumen sanguíneo.

repeated reproduction (reproducción repetida) Tipo de historia de vida en la cual los adultos producen grandes cantidades de descendencia durante muchos años. También se la conoce como iteroparidad.

repetitive DNA (ADN repetitivo) Secuencias nucleotídicas, generalmente no codificantes, presentes como muchas copias en el genoma eucariótico. Las unidades que se repiten pueden ser cortas y dispuestas en tándem (o serie), o largas y dispersas por el genoma.

replication fork (horquilla de replicación) Región con forma de Y sobre una molécula de ADN en replicación, donde se separan las hebras parentales, y crecen las hebras nuevas.

repressor (represor) Proteína que suprime la transcripción de un gen. En procariotas, los represores se unen al ADN en o cerca del promotor. En eucariotas, los represores pueden unirse a elementos control dentro de los potenciadores, a activadores, o a otras proteínas en una manera que bloquea a los activadores en su unión al ADN.

reproductive isolation (aislamiento reproductivo) Existencia de factores biológicos (barreras) que impiden que miembros de dos especies produzcan híbridos viables y fértiles.

reproductive table (tabla reproductiva) Resumen específico por edades de las tasas reproductivas en una población.

reptile (reptil) Miembro del clado de amniotas que incluye a los tuátaras, lagartijas, serpientes, tortugas, cocodrilos y aves.

residual volume (volumen residual) Cantidad de aire que permanece en los pulmones después de exhalar forzadamente.

resource partitioning (partición de recursos) División de los recursos ambientales por especies que coexisten de manera tal que el nicho de cada especie difiera por uno o más factores significativos de los nichos de todas las especies que coexisten.

respiratory pigment (pigmento respiratorio) Proteína que transporta la mayor parte del oxígeno en la sangre.

response (respuesta) (1) En comunicación celular, cambio en una actividad celular específica iniciada por una señal transducida desde el exterior de la célula. (2) En homeostasis, actividad fisiológica que ayuda a una variable a recuperar su estado inicial.

resting potential (potencial de reposo) Potencial de membrana característico de una célula excitable cuando está en reposo y cuyo interior celular es más negativo que el exterior.

restoration ecology (ecología de restauración) Aplicación de principios ecológicos en un esfuerzo por recuperar ecosistemas que han sido perturbados debido a la actividad humana hacia una condición lo más parecida posible a su estado natural.

restriction enzyme (enzima de restricción) Endonucleasa (tipo de enzima) que reconoce y corta moléculas de ADN foráneo a una bacteria (tal como los genomas de fagos). La enzima corta secuencias específicas de nucleótidos (sitios de restricción).

restriction fragment (fragmento de restricción) Segmento de ADN producto del corte del ADN por una enzima de restricción.

restriction fragment length polymorphisms (RFLPs) (polimorfismos de longitud de fragmentos de restricción, PLFRs) Polimorfismo de nucleotide simple (SNP) que existe en el sitio de restricción de una enzima en particular, haciendo que ese sitio no sea reconocido por esa enzima y modificando la longitud de los fragmentos de restricción formados a partir de la digestión con esa enzima. Un RFLP puede existir en ADN codificante o no codificante.

restriction site (sitio de restricción) Secuencia específica sobre una hebra de ADN que es reconocida como "sitio de corte" por una enzima de restricción.

reticular formation (formación reticular) Red difusa de neuronas en el centro del tallo cerebral que filtra la información que viaja a la corteza cerebral.

retina (retina) Capa más interna del ojo de los vertebrados que contiene células fotorreceptoras (bastones y conos) y neuronas. Transmite las imágenes formadas por las lentes hasta el cerebro a través del nervio óptico.

retinal (retinal) Pigmento que absorbe luz en los bastones y conos del ojo de los vertebrados.

retrotransposon (retrotransposón) Elemento que se mueve dentro de un genoma por medio de un ARN intermediario, transcripto de un retrotransposón de ADN.

retrovirus (retrovirus) Virus ARN que se reproduce al transcribir su ARN en ADN y entonces inserta el ADN dentro de un cromosoma celular. Clase importante de virus causante de cáncer.

reverse transcriptase-polymerase chain reaction (RT-PCR , reacción de polimerasa en cadena con transcriptasa reversa) Técnica para determinar la expresión de un gen en particular. Utiliza transcriptasa reversa y polimerasa de ADN para sintetizar cADN a partir de todo el ARNm en una muestra, y entonces somete al cADN a amplificación por medio del uso de iniciadores (*primers*) específicos para el gen de interés.

Rhizaria (Rizaria) Uno de los cinco súpergrupos de eucariotas propuesto por la hipótesis actual de la historia evolutiva de los eucariotas; clado de protistas morfológicamente diversos, definido en base a similitudes de ADN. Ver también Excavata, Cromalveolata, Arqueoplastida y Uniconta.

rhizobacterium (rizobacteria) Bacteria del suelo cuya población es de mayor tamaño en la rizosfera, región del suelo cercana a las raíces de las plantas.

rhizoid (rizoide) Célula individual tubular larga o filamento de células que anclan a las briófitas al sustrato. A diferencia de las raíces, los rizoides no están compuestos por tejidos, carecen de células conductoras especializadas y no desempeñan ningún papel primordial en la absorción de agua ni de minerales.

rhizosphere (rizosfera) Región del suelo cercana a las raíces de las plantas y caracterizada por un nivel elevado de actividad microbiológica.

rhodopsin (rodopsina) Pigmento visual que consiste en retinal y opsina. Cuando la rodopsina absorbe la luz, el retinal cambia de forma y se disocia de la opsina, después de lo cual vuelve a su forma original.

rhythm method (método del ritmo) Forma de contraceptivo que se basa en abstenerse de realizar el acto sexual cuando la concepción es más probable que ocurra. También se lo conoce como planificación familiar natural.

ribonucleic acid (RNA) (ácido ribonucleico, ARN) Tipo de ácido nucleico que consiste en monómeros de nucleótidos con un azúcar ribosa y las bases nitrogenadas adenina (A), citosina (C), guanina (G) y uracilo (U); generalmente de hebra simple; participa en la síntesis de proteínas y como genoma de algunos virus.

ribose (ribosa) Azúcar componente del ARN.

ribosomal RNA (rRNA) (ARN ribosomal, ARNr) El tipo más abundante de ARN que, juntamente con las proteínas, forma las estructuras de los ribosomas.

ribosome (ribosoma) Complejo de ARNt y moléculas de proteínas que funciona como sitio de síntesis de las proteínas en el citoplasma; consiste en una subunidad grande y una pequeña. En células eucariotas, cada subunidad se ensambla en el nucleolo. Ver también **nucleolus,** nucleolo.

ribozyme (ribozima) Molécula de ARN que funciona como enzima, y que cataliza reacciones durante el *splicing* del ARN.

RNA interference (RNAi) (ARN de interferencia, ARNi) Técnica que permite silenciar la expresión de ciertos genes. El método utiliza moléculas de ARN sintéticas de doble hebra que se combinan con la secuencia de un gen en particular para iniciar la ruptura del ARN mensajero del gen.

RNA polymerase (ARN polimerasa) Enzima que une las cadenas en crecimiento de ribonucleótidos durante la transcripción.

RNA processing (procesamiento del ARN) Modificación de los transcriptos de ARN, incluido el corte de intrones, y la ligazón de exones, así como la modificación de los extremos 5' y 3'.

RNA splicing (ARN *splicing*) Después de la síntesis de un transcripto primario de ARN eucariótico, remoción de las porciones no codificantes (intrones) del transcripto que no será incluida en el ARNm.

rod (bastón) Célula con forma de bastón en la retina del ojo de los vertebrados, sensible a baja intensidad lumínica.

root (raíz) Órgano en plantas vasculares que sujeta la planta y que le permite absorber agua y nutrientes del suelo.

root cap (caliptra de la raíz) Cono de células en la punta de la raíz de una planta que protege al meristema apical.

root hair (pelo de la raíz) Pequeña extensión de una célula epidermal de la raíz que crece justo por encima de las puntas, aumentando la superficie de absorción de agua y minerales.

root pressure (presión de raíz) Empuje ascendente de la savia del xilema en el tejido vascular de las raíces.

root system (sistema radical) Conjunto de todas las raíces de una planta que la fijan al suelo, absorben y transportan minerales y agua y almacenan alimento.

rooted (enraizado) Describe a un árbol filogenético que contiene un punto de ramificación (típicamente, el que se ubica más hacia la izquierda) que representa al último ancestro común a todos los taxa del árbol.

rough ER (RE rugoso) Porción del retículo endoplasmático tachonado por ribosomas.

round window (ventana redonda) Punto de contacto entre el estribo y la cóclea. Es el sitio donde las vibraciones del estribo crean una serie de ondas de presión que viajan por el fluido de la cóclea.

***r*-selection** (selección *r*) Historia de vida en la cual se produce mucha descendencia pero cada descendiente tiene una probabilidad baja de sobrevivir; a menudo se la llama selección independiente de densidad.

rubisco (rubisco) Ribulosa bifosfato carboxilasa (RuBP), enzima que cataliza el primer paso en el ciclo de Calvin (adición de CO2 a RuBP).

ruminant (rumiante) Animal, como la vaca o la oveja, con un estómago complejo, de compartimientos múltiples, especializado en una dieta herbívora.

S phase (fase S) Fase de síntesis del ciclo celular; porción de interfase durante la cual se replica el ADN.

sac fungus (hongo de saco) Ver *ascomicete.*

saccule (sáculo) Cámara en el vestíbulo, detrás de la ventana oval que participa en el sentido del equilibrio.

salicylic acid (ácido salicílico) Hormona vegetal que se presume parcialmente responsable de la activación de la resistencia sistémica adquirida a patógenos.

salivary gland (glándula salival) Glándula asociada con la cavidad oral que secreta sustancias para lubricar la comida e iniciar el proceso de digestión química.

salt (sal) Compuesto resultante de la formación de un enlace iónico. También se lo llama compuesto iónico.

saltatory conduction (conducción saltatoria) Transmisión rápida de un impulso nervioso a lo largo de un axón, resultante de la acción de un potencial de acción que salta de un nodo de Ranvier a otro, evitando las regiones cubiertas por la vaina de mielina.

sarcomere (sarcómero) Unidad fundamental y repetida del músculo estriado, delimitada por las líneas Z.

sarcoplasmic reticulum (SR) (retículo sarcoplásmico, RS) Retículo endoplasmático especializado en regular la concentración de calcio en el citosol.

saturated fatty acid (ácido graso saturado) Ácido graso en el cual todos los carbonos en la cola hidrocarbonada están conectados por enlaces simples, maximizando así el número de átomos de hidrógeno que pueden unirse al esqueleto de carbono.

savanna (sabana) Bioma de pradera tropical con árboles individuales diseminados, herbívoros de gran tamaño y tres estaciones diferentes basadas primariamente en las lluvias, con incendios y sequías ocasionales.

scaffolding protein (proteína de andamio) Tipo de proteína de retransmisión grande a la que están unidas simultáneamente otras proteínas de retransmisión para aumentar la eficiencia de las señales de transducción.

scanning electron microscope (SEM) (microscopio electrónico de barrido o *scanning*, MES) Microscopio que utiliza un haz de electrones para barrer o "escanear" la superficie de una muestra para poder estudiar detalles de su topografía.

schizophrenia (esquizofrenia) Disturbio mental severo caracterizado por episodios psicóticos en los cuales los pacientes pierden la habilidad para distinguir la realidad de la alucinación.

Schwann cell (célula de Schwann) Célula de la glía que forma vainas aisladoras de mielina alrededor de los axones de las neuronas en el sistema nervioso periférico.

scion (injerto) Rama injertada al patrón cuando se realiza un injerto.

sclera (esclerótica) Capa de tejido conectivo externa, resistente y blanca que forma el globo del ojo de los vertebrados.

sclereid (esclereida) Célula esclerenquimática corta e irregular en las cáscaras de las nueces y las cubiertas de las semillas, esparcidas por el parénquima de algunas plantas.

sclerenchyma cell (célula esclerenquimática) Tipo de célula vegetal rígida, de soporte que generalmente carece de protoplastos y que posee paredes secundarias gruesas fortalecidas por lignina en la madurez.

scrotum (escroto) Bolsa de piel por fuera del abdomen que aloja a los testículos; su función es la de refrigerar el esperma, manteniéndolo así viable.

second law of thermodynamics (segunda ley de la termodinámica) Principio según el cual cada transferencia o transformación de la energía aumenta la entropía del universo. Las formas ordenadas de energía son en parte convertidas en calor.

second messenger (segundo mensajero) Molécula o ión pequeño, no proteico, soluble en agua, tal como el ión calcio o el AMP cíclico, que transporta una señal al interior celular en respuesta a otra señal recibida por una proteína receptora de señales.

secondary cell wall (pared celular secundaria) Matriz fuerte y durable generalmente formada por varias capas laminadas y que sirve para la protección y soporte de la célula vegetal.

secondary consumer (consumidor secundario) Carnívoro que se alimenta de herbívoros.

secondary endosymbiosis (endosimbiosis secundaria) Proceso en la evolución de un eucariota en el cual una célula heterótrofa eucariota hunde a una célula fotosintética eucariota, la cual sobrevive en una relación simbiótica dentro de la célula heterótrofa.

secondary growth (crecimiento secundario) Crecimiento producido por los meristemas laterales que engrosa las raíces y tallos de las plantas leñosas.

secondary immune response (respuesta immune secundaria) Respuesta immune adquirida que se desarrolla en una segunda exposición o subsiguientes al antígeno. La respuesta immune secundaria es más rápida, de mayor intensidad y más prolongada que la respuesta immune primaria.

secondary oocyte (oocito secundario) Oocito que ha completado la primera de las dos divisiones meióticas.

secondary plant body (cuerpo vegetal secundario) Tejidos producidos por el cambium vascular y del corcho y que engrosan los tallos y raíces de las plantas leñosas.

secondary production (producción secundaria) Cantidad de energía química en el alimento de los consumidores que es convertida en su propia biomasa durante un período de tiempo determinado.

secondary structure (estructura secundaria) Espiral o plegamiento localizado y repetitivo del esqueleto de un polipéptido debido a la formación de puentes de hidrógeno entre porciones del péptido.

secondary succession (sucesión secundaria) Tipo de sucesión que ocurre cuando una comunidad preexistente ha sido destruida por algún disturbio que deja el suelo o al sustrato intacto.

secretion (secreción) 1) Descarga de moléculas sintetizadas por una célula. 2) Descarga de deshechos del fluido corporal en el filtrado.

secretory phase (fase secretora) Porción del ciclo uterino (menstrual) en la que el endometrio continúa engrosándose, se vuelve más vascularizado y desarrolla glándulas que secretan un fluido rico en glucógeno.

seed (semilla) Adaptación de las plantas terrestres que consiste en un embrión empaquetado, junto con una reserva de alimento, dentro de una cubierta resistente.

seed coat (cubierta seminal) Fuerte cubierta exterior en una semilla, formada por la capa más externa de un óvulo. En plantas con flores incluye y protege al embrión y al endosperma.

seedless vascular plants (plantas vasculares sin flores) Nombre colectivo informal para un tipo de planta que posee tejido vascular pero carece de semillas. Las plantas vasculares sin semillas forman un grupo parafilético que incluye a los fila Lycophyta (musgos de sombrero y relacionados) y Pteridophyta (helechos y relacionados).

selective permeability (permeabilidad selectiva) Propiedad de las membranas biológicas de permitir el paso de ciertas sustancias más fácilmente que otras.

self-incompatibility (auto-incompatibilidad) Capacidad de una semilla vegetal de rechazar su propio polen o el de individuos relativamente cercanos.

semelparity (semelparidad) Tipo de reproducción en la cual un organismo produce toda su descendencia en un evento único; también se lo conoce como "reproducción en *big-bang*".

semen (semen) Fluido eyaculado por el macho durante el orgasmo. Contiene espermatozoides y secreciones de diversas glándulas del tracto reproductivo masculino.

semicircular canals (canales semicirculares) Cámara que consta de tres canales en el oído interno y que funciona en la mantención del equilibrio.

semiconservative model (modelo semiconservativo) Tipo de replicación del ADN en la cual la doble hélice replicada consiste en una hebra vieja, derivada de la molécula vieja y una hebra sintetizada nueva.

semilunar valve (válvula semilunar) Válvula localizada en cada salida del corazón, donde la aorta deja el ventrículo izquierdo y la arteria pulmonar lo hace del ventrículo derecho.

seminal vesicle (vesícula seminal) Glándula en el macho que secreta un fluido componente del semen que lubrica y nutre a los espermatozoides.

seminiferous tubule (túbulo seminífero) Tubo muy enrollado en el testículo, en el que se producen los espermatozoides.

senescence (senecencia) Fase de crecimiento en una planta o en una parte de una planta (como por ejemplo una hoja) comprendida entre la madurez total y la muerte.

sensitive period (período sensitivo) Fase limitada durante el desarrollo de un animal individual en la que el aprendizaje de un comportamiento determinado puede tener lugar ; también se lo llama periodo crítico.

sensor (sensor) En homeostasis, receptor que detecta un estímulo.

sensory adaptation (adaptación sensorial) Tendencia de las neuronas sensoriales a volverse menos sensitivas cuando se las estimula repetidas veces.

sensory neuron (neurona sensorial) Célula nerviosa que recibe información de los medios interno y externo y transmite las señales al sistema nervioso central.

sensory reception (recepción sensorial) Detección de la energía de un estímulo por células sensoriales.

sensory receptor (receptor sensorial) Sistema celular que recoge información acerca del mundo físico por fuera del cuerpo y dentro del organismo.

sensory transduction (transducción sensorial) Conversión de la energía del estímulo en un cambio en el potencial de membrana de un receptor sensorial.

sepal (sépalo) Hojas modificada en las angiospermas que aloja y protege al botón floral antes de que se abra.

septum (plural, **septa**) (septo) Cada una de las paredes transversales que divide a la hifa de un hongo en células. Los septos tienen generalmente poros lo suficientemente grandes como para permitir el flujo de ribosomas, mitocondrias e incluso núcleos de una célula a otra.

serial endosymbiosis (endosimbiosis serial) Hipótesis que explica que el origen de los eucariotas consiste en una secuencia de eventos endosimbióticos en los cuales las mitocondrias, cloroplastos y tal vez otras estructuras celulares derivaron de pequeños procariotas que habían sido ingeridos por células más grandes.

serotonin (serotonina) Neurotransmisor sintetizado a partir del aminoácido triptofano, y que funciona en el sistema nervioso central.

set point (punto medio) En los cuerpos animales, valor para una variable determinada, tal como la temperatura corporal o la concentración de un soluto, para alcanzar y mantener la homeostasia.

seta (seta) Tallo elongado del esporofito de una briófita.

sex chromosome (cromosoma sexual) Cromosoma responsable de la determinación del sexo en un individuo.

sex pillus (pilo sexual; plural, **sex pilli**) En bacterias, estructura que une una célula con otra al comienzo de la conjugación; también se lo conoce como pilo de conjugación.

sex-linked gene (gen ligado al sexo) Gen localizado sobre un cromosoma sexual (generalmente el cromosoma X), y que representa un recurso distintivo de la herencia.

sexual dimorphism (dimorfismo sexual) Diferencias marcadas entre las características sexuales secundarias de machos y hembras.

sexual reproduction (reproducción sexual) Tipo de reproducción en la cual dos progenitores producen descendencia que lleva combinaciones de genes heredados de las gametas de ambos progenitores.

sexual selection (selección sexual) Forma de selección natural por la cual individuos con ciertas características hereditarias tienen más alta probabilidad de encontrar pareja que otros individuos.

Shannon diversity (diversidad de Shannon) Índice de diversidad de comunidad simbolizado con una H y representado por la ecuación $H = [(p_A \ln p_A) + (p_B \ln p_B) + (p_C \ln p_C) + \ldots]$, donde A, B, C . . . son las especies de la comunidad, p es la abundancia relativa de cada especie y ln es el logaritmo natural.

shared ancestral character (caracter ancestral compartido) Caracter compartido por los miembros de un clado en particular, originado en un ancestro que no es un miembro de ese clado.

shared derived character (caracter derivado compartido) Novedad evolutiva que evolucionó a partir de un clado en particular.

shoot system (sistema de vástago) Porción aérea del cuerpo de una planta que consiste en tallos, hojas y flores (en angiospermas).

short tandem repeat (STR, repetición corta en tándem) Secuencia simple de AND que contiene múltiples unidades de dos o cinco nucleótidos repetidas en tándem. Variaciones en STR funcionan como marcadores genéticos en el análisis STR, utilizado para preparar perfiles genéticos.

short-day plant (planta de día corto) Planta que florece (usualmente a fines del verano, del otoño o del invierno) sólo cuando el período de luz es más corto que una cierta longitud crítica.

short-term memory (memoria a corto plazo) Habilidad de conservar información, anticipaciones u objetivos durante cierto tiempo y luego descartarlos si se tornan irrelevantes.

sickle-cell disease (anemia falciforme) Enfermedad genética humana causada por un alelo recesivo que resulta en la sustitución de un único aminoácido en el polipéptido globina que forma parte de la molécula de hemoglobina. Caracterizada por glóbulos rojos sanguíneos deformados (debido a agregación proteica) que pueden conducir a síntomas numerosos.

sieve plate (placa cribosa) Pared terminal en un miembro del tubo criboso que facilita el flujo de la savia del floema en los tubos cribosos de las angiospermas.

sieve-tube element (elemento del tubo criboso) Célula viva que conduce azúcares y otros nutrientes orgánicos en el floema de las angiospermas; también se lo conoce como miembro del tubo criboso. Conectados por los extremos, forman los tubos cribosos.

sign stimulus (estímulo señal) Estímulo sensorial externo que promueve un cierto patrón de acción fijo en un animal.

signal (señal) En comportamiento animal, transmisión de un estímulo de un animal a otro. El término es también utilizado en el contexto de comunicación en otros tipos de organismos y en la comunicación célula-a-célula en todos los organismos multicelulares.

signal peptide (péptido señal) Secuencia de unos 20 aminoácidos en o cerca del extremo líder (amino) de un polipéptido que lo localiza en el retículo endoplasmático o en otras organelas de una célula eucariota.

signal transduction (transducción de señales) Serie de pasos que conectan a un estímulo mecánico, químico, o electromagnético con una respuesta celular específica.

signal transduction pathway (ruta de transducción de señales) Mecanismo que une un estímulo mecánico o químico con una respuesta celular específica.

signal-recognition particle (SRP) (partícula de reconocimiento de señal, PRS) Complejo de proteína-ARN que reconoce a un péptido señal cuando emerge del ribosoma, y ayuda a dirigir al ribosoma hacia el retículo endoplasmático (RE) al unirse a un receptor presente en el RE.

simple fruit (fruto simple) Fruto derivado de un carpelo simple o de varios carpelos fusionados.

simple sequence DNA (ADN de secuencia simple) Secuencia de ADN que contiene muchas copias de secuencias cortas repetidas en tándem.

single bond (enlace simple) Enlace simple covalente; par de electrones de valencia compartidos entre dos átomos.

single circulation (circulación simple) Sistema circulatorio que consiste en una bomba y un circuito únicos, en el cual la sangre pasa desde los sitios de intercambio de gases hasta el resto del cuerpo antes de retornar al corazón.

single nucleotide polymorphisms (SNPs) (polimorfismo de nucleótido simple) Variación de un par de bases en un genoma donde la variación del nucleótido se encuentra en al menos 1% de la población.

single-lens eye (ojo simple) Ojo similar a una cámara, propio de ciertas medusas, poliquetos, arañas y moluscos.

single-strand binding protein (proteína vinculante de hebra simple) Durante la replicación del ADN, proteína que se une a las hebras no apareadas de ADN, estabilizándolas y sosteniéndolas separadas mientras funcionan como templetes para la síntesis de hebras complementarias de ADN.

sinoatrial (SA) node (nódulo sinoatrial, NS) Región en el atrio derecho del corazón que establece la velocidad y ritmo al que se contraen todas las células muscular es cardíacas; marcapasos.

sister chromatid (cromátida hermana) Cada una de las dos copias de un cromosoma duplicado y unido entre sí por proteínas en el centrómero y, algunas veces, a lo largo de los brazos. Mientras están unidas, las dos cromátidas hermanas constituyen el cromosoma; las cromátidas son eventualmente separadas durante la mitosis o meiosis II.

sister taxa (taxa hermanas) Grupos de organismos que comparten un antecesor común inmediato y, por lo tanto, son los parientes más cercanamente relacionados.

skeletal muscle (músculo esquelético) Músculo generalmente responsable de los movimientos voluntarios del cuerpo; también se lo llama músculo estriado.

sliding-filament model (modelo de filamento corredizo) Teoría que explica cómo se contrae el músculo basada en cambios dentro del sarcómero, unidad básica de la organización muscular, que establece que los filamentos delgados (actina) se deslizan entre los filamentos gruesos (miosina) acortando el sarcómero. El acortamiento de todos los sarcómeros en una miofibrilla la acorta en su totalidad.

slow block to polyspermy (bloqueo lento de la polispermia) Formación de la cubierta de fertilización y otros cambios en la superficie del huevo que previene que el huevo se fusione con más de una célula espermática. Comienza alrededor de 1 minuto después de la fertilización.

slow-twitch fiber (fibras musculares de contracción lenta) Célula muscular que puede desarrollar contracciones prolongadas.

small interfering RNA (siRNA, pequeño ARN de interferencia, siARN) Molécula de ARN pequeña, de hebra simple, generada por la maquinaria celular a partir de una molécula de ARN larga, de doble hebra. El siARN se asocia con una o más proteínas para formar un complejo que puede degradar o prevenir la traducción de un ARNm con una secuencia complementaria. En algunos casos, el siARN puede también bloquear la transcripción al promover modificación de la cromatina.

small intestine (intestino delgado) Sección de mayor longitud del canal alimenticio, llamada así por poseer un diámetro menor en comparación con el diámetro del intestino grueso. Es el sitio principal de hidrólisis enzimática de las macromoléculas de alimento y de absorción de los nutrientes.

smooth ER (RE liso) Porción del retículo endoplasmático libre de ribosomas.

smooth muscle (músculo liso) Tipo de músculo que carece de las estrías del músculo esquelético y cardíaco debido a la distribución uniforme de filamentos de miosina en la célula, responsable por las actividades involuntarias del cuerpo.

social learning (aprendizaje social) Modificación del comportamiento a partir de la observación de otros individuos.

sociobiology (sociobiología) Estudio del comportamiento social basado en la teoría evolutiva.

sodium-potassium pump (bomba de sodio-potasio) Proteína de transporte presente en la membrana plasmática de las células animales que transporta activamente sodio fuera de la célula y potasio dentro de la célula.

soil horizon (horizonte del suelo) Capa del suelo paralela a la superficie que posee características físicas que difieren de las capas por debajo y por encima de ella.

solute (soluto) Sustancia disuelta en una solución.

solute potential Ψ_S (potencial de soluto) Componente del potencial agua que es proporcional al número de moléculas de soluto disueltas en una solución y mide el efecto de los solutos sobre la dirección del movimiento del agua. También llamado potencial osmótico, puede ser tanto cero como negativo.

solution (solución) Mezcla líquida, homogénea, de dos o más sustancias.

solvent (solvente) Agente disolvente en una solución. El solvente más versátil conocido es el agua.

somatic cell (célula somática) Cualquiera de las células en un organismo multicelular, excepto el espermatozoide y el óvulo.

somite (somita) Cada una en una serie de bloques de mesodermo que existen de a pares al lado de la notocorda del embrión de los vertebrados.

soredium (soredio; en plural, **soredia,** soredios) En líquenes, pequeños grupos de hifas de hongos con algas embebidas.

sorus (plural, **sori**) (soro) Grupo de esporangios en el esporofilo de un helecho. Los soros suelen disponerse según diversos patrones, como por ejemplo líneas paralelas o puntos, que se utilizan en la identificación de los helechos.

Southern blotting (transferencia de Southern) Técnica que permite determinar la presencia de ciertas secuencias de nucleótidos en una muestra de ADN. Involucra la electroforesis en gel de moléculas de ADN y su transferencia a una membrana (*blotting*), seguida a continuación por la hibridización del ácido nucleico con una sonda marcadora.

spatial learning (aprendizaje espacial) Formación de una memoria que refleja la estructura espacial del ambiente.

spatial summation (suma espacial) Fenómeno de integración neuronal en el cual el potencial de membrana de la célula postsináptica está determinado por el efecto combinado de EPSPs o IPSPs producidos casi simultáneamente en diferentes sinapsis.

speciation (especiación) Proceso evolutivo por el cual una especie se separa en dos o más especies.

species (especie) Población o grupo de poblaciones cuyos miembros tiene el potencial de entrecruzarse en la naturaleza y producir descendencia viable, fértil, pero que no puede producir descendencia fértil con miembros de otros grupos.

species diversity (diversidad de especies) Número y abundancia relativa de especies en una comunidad biológica.

species richness (riqueza en especies) Número de especies en una comunidad biológica.

species-area curve (curva especies-área) Patrón de biodiversidad, primeramente 3desarrollado por Alexander von Humboldt, que expresa que cuanta mayor área geográfica de una comunidad se muestre, mayor será el número de especies.

specific heat (calor específico) Cantidad de calor que debe absorberse o perderse por cada 1 gramo de una sustancia para cambiar su temperatura en 1°C.

spectrophotometer (espectrofotómetro) Instrumento que mide las proporciones de luz de diferentes longitudes de onda absorbidas y transmitidas por una solución de pigmento.

sperm (esperma) Gameta masculina.

spermatheca (espermateca) En insectos, bolsa en el sistema reproductivo femenino donde se almacena el esperma.

spermatogenesis (espermatogénesis) Producción continua y prolífica de espermatozoides maduros en los testículos.

spermatogonium (espermatogonio) Célula germinal que origina espermacitos por division mitótica.

sphincter (esfínter) Válvula con forma de anillo que consiste en músculos modificados dentro de un tubo muscular, y que regula el pasaje entre algunos compartimientos del canal alimentario.

spinal nerve (nervio espinal) En el sistema nervioso periférico de los vertebrados, nervio que transporta las señales hacia o desde la espina dorsal.

spiral cleavage (clivaje espiral) Tipo de desarrollo embrionario en los protostomados, en el que los planos de división celular que transforman el cigoto en una bola de células se producen oblicuamente respecto del eje polar. Las células de cada hilera terminan apoyadas sobre los espacios que hay entre las células de hileras adyacentes.

spliceosome (*spliceosoma*) Complejo formado por proteínas y ARN que corta el ARN al interactuar con los extremos de un intrón ARN durante el *splicing* del ARN, liberando al intrón y uniendo a los dos exones adyacentes.

spongocoel (espongocele) Cavidad central de una esponja.

sporangium (plural, sporangia) (esporangio) Órgano multicelular en hongos y plantas en la que ocurre la meiosis y se desarrollan las esporas haploides.

spore (espora) (1) En el ciclo de vida de una planta o alga con alternancia de generaciones, célula haploide producida a partir de la meiosis. Una espora puede dividirse por mitosis para generar un individuo multicelular haploide, el gametofito, sin fusionarse con otra célula. (2) En hongos, célula haploide producida sexual o asexualmente, que produce un micelio después de la germinación.

sporocyte (esporocito) Célula diploide, también conocida como célula madre de la espora, que sufre meiosis y genera esporas haploides.

sporophyll (esporofilo) Hoja de las licófitas especializadas en la reproducción.

sporophyte (esporofito) En organismos (plantas y algunas algas) con alternancia de generaciones, forma multicelular diploide que resulta de la unión de gametas. El esporofito produce esporas haploides por meiosis que se desarrollan como gametofitos.

sporopollenin (esporopolenina) Polímero resistente que cubre las cigotas expuestas de las carófitas y forma paredes en las esporas de las plantas, previniendo su desecación.

stabilizing selection (selección estabilizadora) Selección natural que favorece las variantes intermedias al actuar en contra de los fenotipos extremos.

stamen (estambre) Órgano floral masculino productor del polen que consiste en antera y filamento.

standard metabolic rate (SMR) (tasa metabólica estándar, TME) Tasa metabólica de un organismo en reposo, en ayunas y no estresado, a una temperatura determinada.

stapes (estribo) El tercero de los tres huesacillos del oído medio.

starch (almidón) Polisacárido de reserva en plantas que consiste únicamente en monómeros de glucosa unidos por enlaces glicosídicos α.

statocyst (estatocisto) Tipo de mecanorreceptor que participa en el equilibrio en los vertebrados a través del uso de estatolitos, los cuales estimulan a las células vellosas en relación con la gravedad.

statolith (estatolito) (1) En plantas, plástido especializado que contiene almidón denso y parece que desempeña un rol en la detección de la gravedad. (2) En invertebrados, grano o gránulo denso cuya localización cambia de acuerdo con la gravedad y que se encuentra en órganos sensoriales que funcionan en el sentido del equilibrio.

stele (estela) Cilindro vascular central en las raíces donde se localizan el xilema y el floema.

stem (pedúnculo) Órgano vascular de los vegetales que consiste en un sistema alternativo de nudos que soporta las hojas y las estructuras reproductivas.

stem cell (célula peduncular) Cualquiera de las células relativamente no especializadas que produce, durante una división simple, una célula hija idéntica y otra célula hija más especializada, la cual puede sufrir más diferenciación.

stenohaline (estenohalino) Referido a los organismos que no pueden tolerar cambios sustanciales en la osmolaridad del medio externo.

steroid (esteroide) Tipo de lípido caracterizado por un esqueleto de carbono que consta de cuatro anillos con diversos grupos funcionales adheridos.

sticky end (extremo ligador) Extremo de hebra simple en un fragmento de restricción de ADN de doble hebra.

stigma (plural, stigmata) (estigma) Parte pegajosa del carpelo de una flor que atrapa los granos de polen.

stimulu (estímulo) En homeostasis, fluctuaciones en una variable que estimula el retorno a un punto basal.

stipe (estipe) Estructura con aspecto de tallo en un alga marina.

stock (patrón) Planta que proporciona el sistema radical en un injerto.

stoma (plural, stomata) (estoma) Poro microscópico rodeado por células guardianas en la epidermis de hojas y tallos que posibilita el intercambio gaseoso entre el ambiente y el interior de la planta.

stomach (estómago) Órgano del sistema digestivo que almacena alimento y lleva a cabo las etapas preliminares de la digestión.

stramenopile (estramenópilo) Protista con un flagelo "velludo" (cubierto por prolongaciones finas) que se aparea con un flagelo corto y liso.

stratum (estrato) Capa rocosa formada cuando las capas de sedimento nuevo cubren las capas más viejas y las comprimen.

striated muscle (músculo estriado) *Ver* **skeletal muscle** (músculo esquelético).

strobilus (estróbilo ; plural, strobili) Término técnico aplicado a los grupos de esporofilos conocidos comúnmente como conos, hallados en la mayoría de las gimnospermas y algunas plantas vasculares sin semillas.

stroke (derrame cerebral) Muerte de tejido nervioso en el cerebro, generalmente como resultado de la ruptura o bloqueo de arterias en la cabeza.

stroke volume (volumen de latido) Cantidad de sangre bombeada por el ventrículo izquierdo en cada contracción.

stroma (estroma) Dentro del cloroplasto, fluido denso que rodea a la membrana tilacoidea. Participa en la síntesis de moléculas orgánicas a partir de dióxido de carbono y agua.

stromatolite (estromatolito) Capa rocosa formada por las actividades de procariotas que unen capas delgadas de sedimento entre sí.

structural formula (fórmula estructural) Tipo de notación molecular en la que los constituyentes atómicos se unen por líneas que representan los enlaces covalentes.

structural isomer (isómero estructural) Uno de los muchos compuestos orgánicos que poseen la misma fórmula molecular pero difieren en el arreglo covalente de sus átomos.

style (estilo) Tallo del carpelo de una flor, con el ovario en la base y el estigma en la punta superior.

substance P (sustancia P) Neuropéptido que funciona como señal excitatoria clave en la mediación de nuestra percepción del dolor.

substrate (sustrato) Reactivo sobre el que trabaja una enzima.

substrate feeder (devorador de sustrato) Organismo que vive en o sobre la fuente de alimento, alimentándose de ella a medida que se desplazan.

substrate-level phosphorylation (fosforilación a nivel de sustrato) Formación de ATP por medio de la transferencia directa de un grupo fosfato al ADP a partir de un sustrato intermedio en el catabolismo.

sugar sink (vertedero de azúcares) Órgano de una planta que se comporta como consumidor neto o acopiador de azúcar. Las raíces en crecimiento, to extremos de los tallos, los tallos y los frutos son vertederos de azúcar suministrados por el floema.

sugar source (fuente de azúcares) Órgano de una planta en el cual se producen los azúcares ya sea por fotosíntesis o por ruptura del almidón. Las hojas maduras son las fuentes primarias de azúcares en las plantas.

sulfhydryl group (grupo sulfhidrilo) Grupo funcional que consiste en un átomo de azufre unido a un átomo de hidrógeno.

suprachiasmatic nuclei (SCN) (núcleo supraquiasmático, NSQ) Par de estructuras en el hipotálamo de los mamíferos que funcionan como reloj biológico.

surface tension (tensión superficial) Medida de la dificultad de estirar o romper la superficie de un líquido. El agua posee una tensión superficial elevada debido a los enlaces de hidrógeno entre las moléculas de la superficie.

surfactant (surfactante) Sustancia segregada por los alvéolos que disminuye la tension superficial en el fluido que cubre el alveolo.

survivorship curve (curva de supervivencia) Gráfico del número de miembros vivos de un cohorte para cada edad. Una de las formas de representar la mortalidad por edad específica.

suspension feeder (devorador de suspensión) Animal acuático, tal como una almeja o una ballena, que filtra las pequeñas partículas de alimento del agua.

sustainable agriculture (agricultura de mantenimiento) Métodos agropecuarios productivos a largo plazo que protegen el ambiente.

sustainable development (desarrollo de mantenimiento) Tipo de desarrollo que responde a las necesidades de la gente sin limitar la habilidad de las generaciones futuras de saciar sus necesidades.

swim bladder (vejiga natatoria) En los osteictios acuáticos, saco aéreo que les permite controlar su flotación en el agua.

symbiont (simbionte) Participante más pequeño en una relación simbiótica que vive dentro o sobre el huésped.

symbiosis (simbiosis) Relación ecológica entre organismos de dos especies diferentes que viven juntos en contacto directo.

sympathetic division (división simpática) Una de las tres divisiones del sistema nervioso autónomo de los vertebrados. Generalmente incrementa el consumo de energía y prepara el cuerpo para la acción.

sympatric speciation (especiación simpátrica) Formación de especies nuevas en poblaciones que viven en la mismo área geográfica.

symplast (simplasto) En las plantas, continuum del citoplasma entre células conectado por plasmodesmos.

synapse (sinapsis) Sitio donde una neurona se comunica con otra neurona en una ruta nerviosa. Espacio delgado comprendido entre la terminal sináptica de un axón y la porción receptora de señales (dendrita o cuerpo celular) de la otra neurona o de la célula efectora. Las moléculas de neurotransmisores liberadas por las terminales sinápticas se difunden a través de la sinapsis transportando así los mensajes hasta la dendrita o efector.

synapsid (sinápside) Miembro de un clado amniota que se distingue por poseer un orificio único a cada lado del cráneo. Incluye a los mamíferos.

synapsis (sinapsis) Apareamiento y conexión física entre cromosomas homólogos replicados durante la profase I de la meiosis.

synaptic cleft (espacio sináptico) Espacio delgado que separa el botón sináptico de una neurona transmisora de la neurona receptora o de la célula efectora.

synaptic terminal (terminal sináptica) Bulbo en el extremo de un axón en el que se almacenan y del que se liberan las moléculas neurotransmisores.

synaptic vesicle (vesícula sináptica) Saco membranoso que contiene miles de neurotransmisores en la punta del axón presináptico.

systematic s (sistemática) Disciplina científica dedicada a la clasificación de los organismos, y en determinar sus relaciones evolutivas.

systemi c (sistémico) Que ocurre en todo el cuerpo, y que afecta a muchos o todos los órganos y sistemas del cuerpo.

systemic acquired resistance (SAR) (resistencia sistémica adquirida, RSA) Respuesta defensiva en plantas infectadas que ayuda a proteger a los tejidos sanos de la invasión patógena.

systemic circuit (circuito sistémico) Rama del sistema circulatorio que abastece a todos los órganos del cuerpo excepto a aquellos involucrados en el intercambio de gases.

systems biology (biología de sistemas) Enfoque en el estudio de la biología que trata de modelar el comportamiento dinámico de sistemas biológicos en su totalidad.

systole (sístole) Estadío en el ciclo cardíaco en el que los músculos del corazón se contraen y las cámaras bombean sangre.

systolic pressure (presión sistólica) Presión de la sangre en las arterias durante la contracción de los ventrículos.

T cell receptor (célula receptora T) Receptor de antígeno en una célula T. Molécula unida a la membrana que consiste en una cadena y una cadena unidas por un puente disulfuro y que contiene un sitio de unión de antígeno.

T cells (células T) Tipo de linfocito que se desarrolla hasta su madurez en el timo, e incluye tanto células efectoras de inmunidad mediada por células, y células ayudantes necesaria en ambas ramas de la inmunidad adquirida.

taproot (raíz principal) Raíz vertical principal que se desarrolla a partir de una raíz embrionaria y da origen a las raíces laterales (ramas).

tastant (sabor) Toda sustancia química que estimula los receptores del gusto en las papilas gustativas.

taste bud (papila gustativa) Tipo de célula epitelial modificada, diseminada en varias áreas de la lengua y la boca, y que funciona como receptor del gusto en los humanos.

TATA box (caja TATA) Secuencia de ADN en los promotores eucariotas crucial en la formación de un complejo de iniciación de la transcripción.

taxis (taxia) Movimiento orientado hacia o en contra de un estímulo.

taxon (plural, taxa) (taxón) Unidad taxonómica a un nivel de clasificación dado.

taxonomy (taxonomía) Disciplina científica que se dedica a nombrar y clasificar las diversas formas de vida.

Tay-Sachs disease (enfermedad de Tay-Sachs) Enfermedad genética humana causada por un alelo recesivo para una enzima disfuncional que conduce a la acumulación de ciertos lípidos en el cerebro. Generalmente se manifiesta con convulsiones, ceguera y degeneración de funciones motoras y mentales pocos meses después del nacimiento, seguido de muerte en pocos años.

technology (tecnología) Aplicación del conocimiento científico a un propósito específico, que a menudo involucra a la industria o al comercio pero que incluye usos de investigación básica.

telomerase (telomerasa) Enzima que cataliza el alargamiento de los telómeros en células germinales eucarióticas.

telomere (telómero) ADN repetitivo en tándem en el extremo de la molécula ADN de un cromosoma, que protege a los genes de un organismo de ser erosionados durante las rondas repetidas de replicación. Ver también **repetitive DNA,** ADN repetitivo.

telophase (telofase) Subfase quinta y final de la mitosis, en la cual se forma cada uno de los núcleos hijos y típicamente comienza la citoquinesis.

temperate broadleaf forest (bosque templado) Bioma localizado a lo largo de las regiones de latitud media donde hay suficiente humedad como para sostener el crecimiento de árboles de gran tamaño y de follaje profuso y deciduo.

temperate grassland (pradera templada) Bioma terrestre dominado por gramíneas.

temperate phage (fago atemperado) Fago capaz de reproducirse por medio del ciclo lítico y el lisogénico.

temperature (temperatura) Medida de la intensidad de calor expresada en grados. Refleja la energía cinética promedio de las moléculas.

template strand (hebra templete) Hebra de ADN que proporciona el templete para ordenar la secuencia de nucleótidos en un transcripto de ARN.

temporal summation (adición temporal) Fenómeno de integración neuronal en el cual el potencial de membrana de la célula postsináptica en una sinapsis química está determinado por el efecto combinado de EPSPs o IPSPs producidos en rápida sucesión.

tendon (tendón) Tipo de tejido conectivo fibroso que une el músculo al hueso.

terminator (finalizador) En bacterias, secuencia de nucleótidos en el ADN que marca el final de un gen. Le da la señal a la ARN polimerasa para liberar a la molécula de ARN recientemente sintetizada, la cual se separa del gen en ese momento.

territoriality (territorialidad) Comportamiento por el cual un animal defiende un espacio físico delimitado de la ocupación por otros individuos, generalmente de su misma especie.

tertiary consumer (consumidor terciario) Carnívoro que se alimenta de otros carnívoros.

tertiary structure (estructura terciaria) Contorsiones irregulares de una molécula de proteína debido a las interacciones de cadenas laterales que participan en interacciones hidrofóbicas, puentes hidrógeno y puentes disulfuro.

testcross (cruza de prueba) Cruza de un organismo de genotipo desconocido con un individuo homocigota recesivo para identificar el genotipo desconocido. La proporción de fenotipos en la descendencia determina el genotipo desconocido.

testis (plural, testes) (testículo) Órgano de reproducción masculino, o gónada, en el que se produce el esperma y las hormonas reproductivas.

testosterone (testosterona) Hormona esteroidea requerida para el desarrollo del sistema reproductor masculino, la espermatogénesis y las características sexuales masculinas secundarias; hormona androgénica más abundante en los mamíferos.

tetanus (tétano) Contracción máxima, sostenida, de un músculo esquelético causada por una frecuencia muy rápida de potenciales de acción generados a partir de una estimulación continua.

tetrapod (tetrápodo) Vertebrado que posee dos pares de extremidades. Los tetrápodos incluyen a los mamíferos, anfibios, aves y otros reptiles.

thalamus (tálamo) Uno de los dos centros integrales del cerebro anterior de los vertebrados. Las neuronas cuyos cuerpos celulares se hallan en el tálamo envían estímulos neuronales a áreas específicas de la corteza cerebral y regulan el tipo de información que va a la corteza cerebral.

thallus (plural, **thalli**) (talo) Cuerpo de un alga marina que consiste en un talo, estipe y laminas, pero carece de raíces, tallos y hojas.

theory (teoría) Explicación que es amplia en espectro, genera nuevas hipótesis y está soportada por un gran cuerpo de evidencias.

thermal energy (energía térmica) *Ver* heat **(calor)**.

thermocline (termoclina) Estrato delgado con cambio rápido de temperatura en el océano y en muchos lagos de zonas templadas.

thermodynamics (termodinámica) Estudio de las transformaciones de la energía que ocurren en un conjunto de materia. Ver primera ley de la termodinámica y segunda ley de la termodinámica.

thermoreceptor (termorreceptor) Interorreceptor estimulado por calor o frío.

thermoregulation (termorregulación) Mantenimiento de la temperatura interna del cuerpo dentro de un rango tolerable.

theropod (terópodo) Miembro de un grupo antiguo de dinosaurios, bípedos carnívoros.

thick filament (filamento grueso) Filamento compuesto por grupos escalonados de moléculas de miosina. Componente de las miofibrillas en las fibras musculares.

thigmomorphogenesis (tigmomorfogénesis) Respuesta en las plantas a la estimulación mecánica crónica que resulta de la producción incrementada de etileno. Un ejemplo es el engrosamiento de los tallos en respuesta a vientos fuertes.

thigmotropism (tigmotropismo) Crecimiento direccional de una planta en respuesta al tacto.

thin filament (filamento delgado) Filamento que consiste en dos hebras de actina y dos hebras de una proteína regulatoria enrolladas una sobre la otra; componente de las miofibrillas en las fibras musculares.

threatened species (especies en peligro de extinción) Especies con probabilidad de desaparecer en un futuro inmediato.

threshold (umbral) Potencial que la membrana de una célula excitable debe alcanzar para que un potencial de acción pueda iniciarse.

thrombus (trombo) Grupo de plaquetas y fibrina que bloquea el flujo de sangre a través de un vaso sanguíneo.

thylakoid (tilacoide) Saco de membrana aplanado dentro del cloroplasto. Los tilacoides existen en un sistema interconectado en el cloroplasto y contienen la maquinaria molecular que se utiliza en la conversión de la energía lumínica en energía química.

thymus (timo) Pequeño órgano en la cavidad torácica de los vertebrados donde se completa la maduración de las células T.

thyroid gland (glándula tiroidea) Glándula endocrina, localizada en la superficie ventral de la tráquea que secreta dos hormonas que contienen iodo, triiodotironina (T_3) y tiroxina (T_4) y calcitonina.

thyroxine (T_4) (tiroxina, T_4) Una de las dos hormonas que contienen iodo secretadas por la glándula tiroidea y que ayuda a regular el metabolismo, desarrollo y maduración en los vertebrados.

Ti plasmid (plásmido Ti) Plásmido de una bacteria inductora de tumores (el patógeno de plantas *Agrobacterium*) que integra un segmento de su ADN (T ADN) dentro del cromosoma hospedador de una planta. El plásmido Ti es utilizado frecuentemente como vector en ingeniería genética de plantas.

tidal volume (volumen de marea) Volumen de aire que un animal inhala y exhala con cada respiración.

tight junction (unión estrecha) Tipo de unión intercelular entre células animales que previene la pérdida de material entre dichas células.

tissue (tejido) Grupo integrado de células que tienen una función común, una estructura común o ambas.

tissue system (sistema de tejido) Uno o más tejidos organizados en una unidad funcional que conectan los órganos de una planta.

TLR (toll-like receptor) Receptor de membrana en un glóbulo blanco fagocítico que reconoce fragmentos de moléculas comunes a un grupo de patógenos.

tonicity (tonicidad) Habilidad de una solución de provocar que una célula dentro de ella gane o pierda agua.

top-down model (modelo de *Top-Down*) Modelo de organización de una comunidad en el que la predación controla la organización de esa comunidad porque los predadores controlan a los herbívoros, que controlan a su vez a las plantas, que a su vez controlan los niveles de nutrientes. También se lo conoce como modelo de cascada trófica.

topoisomerase (topoisomerasa) Proteína capaz de romper, mezclar y unir hebras de AND. Durante la replicación del ADN, la topoisomerasa ayuda a aliviar la tensión en la doble hélice por delante de la horquilla de replicación.

topsoil (suelo suelto) Mezcla de partículas derivadas de rocas, organismos vivientes y material orgánico en descomposición (humus).

torpor (sopor) En los animales, estado fisiológico conservador de la energía por medio de la disminución del metabolismo.

torsion (torsión) En gastrópodos, proceso del desarrollo por la cual la masa visceral rota 180° y causa que el ano y la cavidad del manto se ubiquen por encima de la cabeza del animal.

totipotent (totipotente) Se refiere a una célula que puede dar origen a todas las partes de un embrión y de un adulto, así como las membranas extraembrionarias en aquellas especies que las poseen.

trace element (elemento traza) Elemento indispensable para la vida, pero requerido en cantidades extremadamente diminutas.

trachea (tráquea) Porción del tubo respiratorio que se extiende desde la laringe hasta los bronquios.

tracheal system (sistema traqueal) En insectos, sistema de tubos ramificados, llenos de aire que se extiende a través del cuerpo y transporta oxígeno directamente a las células.

tracheid (traqueida) Célula alargada, conductora de agua que no tiene vida en la madurez y se encuentra en el xilema de todas las plantas vasculares. Las traqueadas funcionales no son células vivas.

trait (rasgo) Toda variación detectable en un caracter genético.

trans fat (ácido graso no saturado) Acido graso no saturado que contiene uno o más enlaces doble *trans*.

transcription (transcripción) Síntesis de ARN a partir de un templete de ADN.

transcription factor (factor de transcripción) Proteína regulatoria que se une al ADN y estimula la transcripción de ciertos genes específicos.

transcription initiation complex (complejo de iniciación de la transcripción) Ensamblaje completo de factores de transcripción y ARN polimerasa unidos al promotor.

transcription unit (unidad de transcripción) Región en una molécula de ADN que se transcribe en una molécula de ARN.

transduction (transducción) (1) Proceso de transferencia genética horizontal en el que los fagos (virus) llevan AND bacteriano desde una célula huésped hasta otra. (2) En comunicación celular, conversión de una señal desde el exterior de la célula en una forma que puede dar origen a una respuesta celular específica.

transfer cell (célula de transferencia) En plantas, célula acompañante con crecimientos internos en su pared que aumenta la superficie de la célula y la transferencia de solutos entre el apoplasto y el simplasto.

transfer RNA (tRNA) (ARN de transferencia, ARNt) Molécula de ARN que actúa como intérprete entre los lenguajes del ácido nucleico y la proteína al elegir los aminoácidos específicos y reconocer los codones apropiados en el ARNm.

transformation (transformación) (1) Conversión de una célula animal normal en una célula cancerosa. (2) Cambio en el genotipo y fenotipo debido a la incorporación de ADN externo en una célula.

transgenic (transgénico) Relativo a organismo cuyo genoma contiene un gen introducido desde otro organismo, ya sea de la misma especie o de otra diferente.

translation (traducción) Síntesis de un polipéptido utilizando la información genética codificada en una molécula de ARNm. Existe un cambio de "lenguaje" entre nucleótidos y aminoácidos.

translocation (translocación) (1) Aberración en la estructura de un cromosoma que resulta de un error en la meiosis o de mutagénesis. Específicamente, unión de un fragmento de cromosoma a un cromosoma no homólogo. (2) Durante la síntesis de una proteína, tercera etapa en el ciclo de elongación cuando el ARN que transporta el polipéptido en crecimiento se mueve desde el sitio A hasta el sitio P en el ribosoma. (3) Transporte de nutrientes orgánicos en el floema vascular de una planta.

transmission (transmisión) Conducción de impulsos al sistema nervioso central.

transmission electron microscope (TEM) (microscopio electrónico de transmisión, MET) Microscopio que proyecta un haz de electrones a través de secciones muy delgadas y es utilizado principalmente para estudiar la estructura interna de las células.

transpiration (transpiración) Pérdida de agua por evaporación de una planta.

transport epithelium (epitelio de transporte) Una o más capas de células epiteliales especializadas que regulan los movimientos de solutos.

transport protein (proteína de transporte) Proteína de transmembrana que ayuda a cierta sustancia o clase de sustancias a atravesarla.

transport vesicle (vesícula de transporte) Pequeño saco membranoso en el citoplasma de una célula que transporta moléculas producidas por esa célula.

transposable element (elemento transposable) Segmento de ADN que puede moverse dentro del genoma de una célula por medio de un intermediario ADN o ARN; también se lo llama elemento genético transposable.

transposon (transposón) Elemento genético transposable que se mueve dentro de un genoma por medio de un AND intermediario.

transverse (T) tubules (tubos T transversales) Plegamientos internos de la membrana plasmática de las células del músculo esquelético.

triacylglycerol (triacilglicerol) Tres ácidos grasos unidos a una molécula de glicerol; también se lo llama grasa o triglicérido.

triiodothyrodine (T3) (triiodotirodina, T3) Una de dos hormonas secretadas por la glándula tiroides que contienen iodo y que ayudan a regular el metabolismo, desarrollo y maduración en los vertebrados.

trimester (trimestre) En el desarrollo humano, uno de los tres períodos de 3 meses de duración del embarazo.

triple response (respuesta triple) Maniobra de crecimiento de una planta en respuesta al estrés mecánico y que incluye elongación lenta del tallo, engrosamiento del tallo y una curvatura que provoca que el tallo comience a crecer horizontalmente.

triplet code (código de triplete) Conjunto de tres nucleótidos que especifica el aminoácido en las cadenas polipeptídicas.

triploblastic (triploblástico) Que posee tres capas germinales: endodermo, mesodermo y ectodermo.

La mayoría de los Eumetazoarios son triploblásticos.

trisomic (trisómico) Se refiere a una célula que posee tres copias de un cromosoma particular, en lugar de las dos normales.

trochophore larva (larva trocófora) Estadio larval distintivo en ciertos invertebrados, incluidos anélidos y moluscos.

trophic efficiency (eficiencia trófica) Porcentaje de producción transferido desde un nivel trófico al siguiente.

trophic structure (estructura trófica) Diferentes relaciones alimentarias en un ecosistema que determinan la ruta que sigue el flujo de energía y el modelo de reciclado químico.

trophoblast (trofoblasto) Epitelio más externo del blastocisto. Forma la parte fetal de la placenta, y sostiene el desarrollo embrionario pero no forma parte del embrión.

tropic hormone (hormona trópica) Hormona que posee otra glándula endocrina como blanco.

tropical rain forest (jungla tropical) Bioma terrestre caracterizado por elevados niveles de precipitación y temperaturas templadas durante todo el año.

tropics (trópicos) Latitudes entre 23.58 norte y sur.

tropism (tropismo) Respuesta del crecimiento que resulta en la curvatura de todos los órganos de una planta hacia o en contra de un estímulo como resultado de los diferentes ritmos de elongación de las células.

tropomyosin (tropomiosina) Proteína regulatoria que bloquea los sitios de unión de la miosina sobre las moléculas de actina.

troponin complex (complejo troponina) Proteínas regulatorias que controlan la posición de la tropomiosina sobre el filamento delgado.

true-breeding (cruza pura) Referido a las plantas que producen una descendencia de su misma variedad cuando se auto-polinizan.

tubal ligation (ligamiento de trompas) Forma de esterilización por la cual los dos oviductos de una mujer (trompas de Falopio) son atados y cerrados para impedir que los óvulos lleguen al útero. Se remueve además un segmento de cada oviducto.

tube foot (pié ambulacral) Cada una de las numerosas extensiones del sistema vascular de agua de los equinodermos. Los pies ambulacrales funcionan en la locomoción, alimentación, e intercambio gaseoso.

tumor-suppressor gene (gen supresor de tumor) Gen cuyos productos proteicos inhiben la división celular, previniendo por consiguiente el crecimiento celular descontrolado (cáncer).

tundra (tundra) Bioma localizado en los límites más extremos del crecimiento vegetal. Al norte se denomina tundra ártica y en las altas altitudes, donde las forma vegetal se limitan a una vegetación baja arbustiva o en matas, se denomina tundra alpina.

tunicate (tunicado) Miembro del subfilo Urochordata, cordados sésiles marinos que carecen de cuerda dorsal.

turgid (turgente) Hinchado y distendido, como en las células vegetales. (Las células con pared se vuelven turgentes si tienen una gran concentración de soluto como resultado de la entrada de agua desde un ambiente hipotónico.)

turgor pressure (presión de turgencia) Fuerza dirigida contra una pared celular después del influjo de agua y del hinchamiento de una célula con pared debido a la ósmosis.

turnover (recambio) Mezcla de aguas como resultado de perfiles de temperatura cambiantes en un lago.

turnover time (tiempo de recambio) Tiempo requerido para reemplazar el tamaño actual de una población o grupo de poblaciones (por ejemplo, de fitoplancton) y que se calcula como el cociente entre tamaño actual de la biomasa y la producción.

twin study (estudio gemelo) Estudio del comportamiento en el cual los investigadores comparan el comportamiento de gemelos idénticos que han crecido separados con aquellos que han crecido en el mismo hogar.

tympanic membrane (membrana timpánica) Otro de los nombres para el tímpano, la membrana presente entre el oído externo y el medio.

ultimate causation (causación última) Explicación evolutiva de "por qué" ocurre cierto comportamiento (u otro aspecto de la biología de un organismo), es decir, el beneficio de la supervivencia y la reproducción o el significado evolutivo de un acto del comportamiento.

undernourishment (desnutrición) Condición que resulta de una dieta que consistentemente suministra menos energía química que lo que el cuerpo necesita.

uniformitarianism (uniformitarianismo) Principio que sostiene que los mecanismos de cambio son constantes a lo largo del tiempo. Ver **catastrophism,** catastrofismo.

Unikonta (Uniconta) Uno de los cinco súpergrupos de eucariotas propuesto por la hipótesis actual de la historia evolutiva de los eucariotas. Este clado, el cual se basa en estudio de las proteínas de miosina y ADN, está compuesto por amebozoarios y opistocontos. Ver también Excavata, Chromalveolata, Rhizaria y Archaeoplastida.

unsaturated fatty acid (ácido graso insaturado) Acido graso que posee uno o más enlaces dobles entre los carbonos de la cola hidrocarbonada. Tales enlaces reducen el número de átomos de hidrógeno unidos al esqueleto de carbono.

urea (urea) Forma soluble de desperdicios nitrogenados producida en el hígado por medio de un ciclo metabólico que combina amoníaco con dióxido de carbono.

ureter (ureter) Conducto que une el riñón con la vejiga urinaria.

urethra (uretra) Tubo que elimina la orina fuera del cuerpo, cercana a la vagina en las hembras y a través del pene en los machos. También funciona en los machos como tubo de salida del sistema reproductivo.

uric acid (ácido úrico) Producto del metabolismo de proteínas y purinas, y principal producto nitrogenado de deshecho en insectos, caracoles terrestres y muchos reptiles. El ácido úrico es relativamente no tóxico, y mayormente insoluble.

urinary bladder (vejiga urinaria) Bolsa donde se almacena la orina antes de ser eliminada.

uterine cycle (ciclo uterino) Cambios que ocurren en el útero durante el ciclo reproductivo de la mujer. También se lo llama ciclo menstrual.

uterus (útero) Órgano femenino donde se fertilizan los huevos y/u ocurre el desarrollo de las crías.

utricle (utrícula) Cámara por detrás de la ventana oval que se abre en los tres canales semicirculares.

vaccination (vacunación) *Ver* immunization (inmunización).

vaccine (vacuna) Variante o derivado inocuo de un patógeno que estimula el sistema inmune del huésped para formar defensas contra ese patógeno.

vacuole (vacuola) Vesícula rodeada por una membrana con función que varía de acuerdo a la célula.

vagina (vagina) Parte del sistema reproductor femenino comprendida entre el útero y la apertura externa. Canal de parición en los mamíferos. Durante la copulación, la vagina aloja al pene masculino y recibe el esperma.

valence (valencia) Capacidad de un átomo de formar enlaces, generalmente igual al número de electrones no apareados en el nivel atómico más externo (nivel de valencia).

valence electron (electrón de valencia) Electrón presente en el nivel atómico más externo.

valence shell (nivel de valencia) Nivel de energía más externo de un átomo. Contiene a los electrones de valencia involucrados en las reacciones químicas de ese átomo.

van der Waals interactions (interacciones de van der Waals) Atracciones débiles entre moléculas o partes de las moléculas, unidas por fluctuaciones de carga localizadas.

variation (variación) Diferencias entre los miembros de una misma especie.

vas deferens (vaso deferente) Tubo en el sistema reproductor masculino en el cual el esperma viaja desde el epidídimo hasta la uretra.

vasa recta (vasos rectos) Sistema capilar que irriga el asa de Henle.

vascular cambium (cambium vascular) Cilindro continuo de tejido meristemático en plantas leñosas que agrega capas de tejido vascular secundario denominado xilema (leño) y floema secundario.

vascular plant (planta vascular) Planta con tejido vascular. Las plantas vasculares incluyen todas las especies actuales excepto a musgos, antoceros y hepáticas.

vascular tissue (tejido vascular) Tejido vegetal que consiste en células unidas formando tubos que transportan agua y nutrientes a lo largo del cuerpo de una planta.

vascular tissue system (sistema de tejido vascular) Sistema formado por el xilema y el floema a lo largo de una planta. El xilema transporta agua y minerales; el floema transporta azúcares, productos de la fotosíntesis.

vasectomy (vasectomía) Corte de los vasos deferentes para prevenir que el esperma entre en la uretra.

vasocongestion (vasocongestión) Llenado de un tejido con sangre provocado por un aumento del flujo sanguíneo a través de las arterias de ese tejido.

vasoconstriction (vasoconstricción) Disminución del diámetro de los vasos sanguíneos superficiales iniciado por señales nerviosas que contraen los músculos de las paredes de los vasos.

vasodilation (vasodilatación) Aumento en el diámetro de los vasos sanguíneos superficiales iniciado por señales nerviosas que relajan los músculos de las paredes de los vasos.

vector (vector) Organismo que transmite patógenos desde un huésped a otro.

vegetal pole (polo vegetal) Punto en el extremo del huevo en el hemisferio donde se concentra la mayor parte del vitelo. Opuesto a él está el polo animal.

vegetative reproduction (reproducción vegetativa) Clonado de las plantas por medios asexuales.

vein (vena) (1) En animales, vaso que retorna la sangre al corazón. (2) En plantas, haz vascular en una hoja.

ventilation (ventilación) Flujo de agua o aire sobre una superficie respiratoria.

ventral (ventral) Perteneciente a la parte de abajo, o inferior, de un animal con simetría bilateral.

ventricle (ventrículo) 1) Cámara del corazón que bombea sangre fuera de éste. 2) Espacio en el cerebro de los vertebrados bañado de líquido cefalorraquídeo.

venule (vénula) Vaso que transporta sangre entre un lecho capilar y una vena.

vernalization (vernalización) Uso del tratamiento con frío para inducir el florecimiento de una planta.

vertebrate (vertebrado) Animal cordado que posee una columna vertebral: mamíferos, reptiles (incluidas las aves), anfibios, tiburones y rayas y peces de aletas con rayos y lobuladas.

vesicle (vesícula) Saco de membrana en el interior de una célula.

vessel (vaso) Microtubo continuo conducente de agua encontrado en la mayoría de las angiospermas y unas pocas plantas vasculares sin flores.

vessel element (elemento del vaso) Célula especializado ancha, conducente de agua encontrada en el xilema de la mayoría de las angiospermas y unas pocas plantas vasculares sin flores. Mueren a la madurez, y se alinean por sus extremos, formando tubos continuos llamados vasos.

vestigial structure (estructura vestigial) Estructura, si existe, de importancia marginal para un organismo. Son remanentes históricos de estructuras que desempeñaban importantes funciones en los ancestros.

villus (plural, **villi**) (vello) (1) Proyección en forma de dedo de la superficie interna del intestino delgado. (2) Proyección en forma de dedo en el corion de la placenta de mamíferos. Las enormes cantidades de vello aumentan la superficie de esos órganos.

viral envelope (envoltura viral) Membrana que encubre la cápside que a su vez rodea al genoma viral.

viroid (viroide) Patógeno vegetal compuesto por moléculas de ARN circular desnudo que consiste en sólo varios cientos de nucleótidos.

virulent (virus virulento) Término que describe al patógeno contra el cual una planta tiene poca respuesta específica.

virulent phage (fago virulento) Fago que se reproduce sólo por medio de un ciclo lítico.

visceral mass (masa visceral) Una de las tres partes principales de un molusco que contiene la mayoría de los órganos internos. Ver también **foot** (pié), **mantle** (manto).

visible light (luz visible) La porción del espectro electromagnético que es detectado como los distintos colores por el ojo humano y que abarca el rango desde 380 a 750 nm.

vital capacity (capacidad vital) Volumen máximo de aire que puede inhalar y exhalar el sistema respiratorio.

vitamin (vitamina) Molécula orgánica requerida en una dieta en pequeñas cantidades. Las vitaminas funcionan primeramente como coenzimas o como parte de las coenzimas.

vitreous humor (humor vítreo) Material gelatinoso que llena la cavidad posterior del ojo de los vertebrados.

viviparous (vivíparo) Se refiere al tipo de desarrollo en el cual la cría nace viva después de haber sido alimentada en el útero por la sangre de la placenta.

vocal cord (cuerda vocal) Cada uno de los pares de tejido similares a hilos en la laringe. El aire que pasa rápidamente a través de las cuerdas vocales tensas las hace vibrar, produciendo los sonidos.

voltage-gated ion channel (canal iónico por voltaje) Canal iónico especializado que se abre y cierra en respuesta a cambios en el potencial de la membrana.

vulva (vulva) Término general para la genitalia femenina externa.

water potential (potencial agua) Propiedad física que predice la dirección en que fluirá el agua determinada por la concentración de los solutos y la presión aplicada.

water vascular system (sistema vascular de agua) Red de canales hidráulicos propios de los equinodermos que se ramifican como extensiones denominadas pies ambulacrales, los cuales participan en la locomoción, alimentación e intercambio gaseoso.

wavelength (longitud de onda) Distancia entre las crestas de una onda, tal como en las del espectro electromagnético.

wetland (tierra anegada) Hábitat inundado por agua al menos parte del tiempo, y que permite el crecimiento de plantas adaptadas a suelos saturados con agua.

white matter (materia blanca) Grupo de axones dentro del SNC.

wild type (tipo salvaje) Individuo que posee el fenotipo más comúnmente observado en las poblaciones naturales; también se refiere al fenotipo por sí mismo.

wilting (mustio) Caída de hojas y tallos como consecuencia de pérdida de agua por la planta.

wobble (tambaleo) Flexibilidad en las reglas de apareo de bases en la que el nucleótido en el extremo 5' del anticodón de un ARNt puede formar puentes hidrógeno con más de un tipo de bases en la tercera posición (extremo 3') de un codón.

xerophyte (xerófita) Planta adaptada a los climas áridos.

X-ray crystallography (cristalografía de rayos X) Técnica que se basa en la difracción de un haz de rayos X por los átomos individuales de una molécula para estudiar la estructura tridimensional de esa molécula.

xylem (xilema) Tejido vegetal vascular que consiste en células tubulares muertas que conducen la mayor cantidad de agua y minerales hacia arriba desde las raíces hasta el resto de la planta.

xylem sap (savia del xilema) Solución diluida de agua y minerales disueltos transportada por los vasos y las traqueidas.

yeast (levadura) Hongo unicelular que se reproduce primariamente en forma asexual por simple división celular o por brotación de una célula madre; algunas especies exhiben fusión celular entre tipos diferentes.

yeast artificial chromosome (YAC) (cromosoma artificial de las levaduras) Vector de clonado que combina lo esencial de un cromosoma eucariota, un origen de replicación del ADN, un centrómero y dos telómeros, con ADN foráneo.

yolk (yema, vitelo) Nutrientes almacenados en un huevo.

yolk plug (tapón del vitelo) Grupo de células endodérmicas de gran tamaño, cargadas de alimento, rodeadas por el blastoporo en la gástrula de un anfibio. Estas células serán cubiertas por ectodermo y terminarán dentro del embrión.

yolk sac (bolsa del vitelo) Una de las cuatro membranas extraembrionarias. Envuelve al vitelo en los reptiles, y es el primer sitio de función de las células sanguíneas y del sistema circulatorio.

zero population growth (ZPG) (crecimiento cero de una población) Período de estabilidad en el tamaño de una población en el cual las tasas de natalidad y de mortalidad *per capita* son iguales.

zona pellucida (zona pelúcida) Matriz extracelular del óvulo de los mamíferos.

zone of polarizing activity (ZPA) (zona de actividad polarizante) Bloque de mesodermo localizado justo por debajo del ectodermo donde el lado posterior del botón para una extremidad se une al cuerpo. Es necesaria para una distribución de formación adecuada a lo largo del eje anteroposterior de la extremidad.

zoned reserve (zona de reserva) Región extensa que incluye una o más áreas relativamente no perturbadas por los humanos rodeada por tierras que han sido modificadas por la actividad humana y son utilizadas para ganancia económica.

zoonotic pathogen (patógeno zoonótico) Agente causante de enfermedad transmitido a los humanos desde otros animales.

zoospore (zoospora) Espora flagelada de un hongo cítrido y algunos protistas.

zygomycete (zigomicete) Miembro del filo de hongos Zygomycota, caracterizado por formar una estructura resistente denominada zigosporangio durante la reproducción sexual.

zygosporangium (zigosporangio) En un hongo zigomicete, estructura resistente multinucleada en la que ocurre cariogamia y meiosis.

zygote (cigoto) Producto diploide de la unión de gametas haploides en la concepción. Huevo fertilizado.